Uli Greßler, Rainer Göppel

Qualitätsmanagement

Eine Einführung

10. Auflage

Bestellnummer 05266

Bildungsverlag EINS
westermann

Vorwort

Jeder will sie, jeder erkennt sie, jeder schätzt sie. Ist sie nicht vorhanden, ärgert man sich; ist sie vorhanden, nimmt man es hin oder ist begeistert. Die Rede ist von der Qualität!

Qualität entsteht nicht zufällig. Sie muss geplant, umgesetzt und kontinuierlich – also täglich – verbessert werden. Nur so kann sichergestellt werden, dass qualitativ hochwertige Produkte und Dienstleistungen angeboten und verkauft werden und somit Unternehmen florieren.

Was tun Unternehmen, um die Qualität ihrer Erzeugnisse täglich zu verbessern? Welche Systeme werden installiert, welche Techniken und Methoden werden eingesetzt, was sind die grundsätzlichen Strategien?

Qualität sicherzustellen ist keine Aufgabenstellung von einigen wenigen Mitarbeitern im Unternehmen. Qualität zu erzeugen und zu liefern ist die grundsätzliche Aufgabe eines jeden Mitarbeiters im Unternehmen. „Jeder" im Unternehmen umfasst die Manager, die Ingenieure, die Techniker, die Meister, die Facharbeiter, die Sachbearbeiter. „Jeder" hat seine Aufgaben und Verantwortungen zum Thema Qualität wahrzunehmen. Verantwortung kann aber nur übernommen werden, wenn man versteht, was getan und wie es getan werden soll.

Die Mitarbeiter, die direkt an der Planung, Entstehung und Überprüfung der Qualität beteiligt sind, müssen Bescheid wissen. Bescheid wissen über Qualitätsmanagementstrategien, Qualitätsmanagementsysteme sowie über die Vorgehensweisen, Methoden und Werkzeuge des Qualitätsmanagements.

Diese Zielgruppe wollen wir ansprechen, und zwar zu den wichtigsten Qualitätsthemen in einer übersichtlichen, praktischen und nachvollziehbaren Weise. Um dies bestmöglich zu erreichen, wurde das Buch mit zahlreichen anschaulichen Bildern sowie mit zwei Leitbeispielen aus den Bereichen Metall- und Elektrotechnik gestaltet.

Ziel ist es, wichtige Aspekte des Qualitätsmanagements ohne vorhandene Vorkenntnisse oder besondere Voraussetzungen beim Leser zu vermitteln – auf der Basis von praxisnahen Beispielen – geeignet zum Selbststudium und für Unterrichts- und Schulungszwecke. Einige Kapitel entstanden aus dem Schulunterricht in Technikerschulen und in Bereichen der Erwachsenenaus- und -weiterbildung. Die vorliegende 10. Auflage wurde aktualisiert und ergänzt. Als neue Themen wurden beispielsweise der Problemlösungsprozess inkl. der 8D-Methode aufgenommen sowie die Ausschussberechnung mittels Gauß'scher Verteilungen.

Ulm, im März 2018   Greßler / Göppel

service@bv-1.de
www.bildungsverlag1.de

Bildungsverlag EINS GmbH
Ettore-Bugatti-Straße 6-14, 51149 Köln

ISBN 978-3-427-**05266**-1

Inhaltsverzeichnis

1 Einführung

1.1 Qualität

Der Begriff „Qualität" ist immer von Bedeutung, wenn es um Produkte oder Dienstleistungen geht. In den letzten Jahren haben sich viele neue Begriffe etabliert, welche Fachleute meist in Abkürzungsform verwenden.

Wer sie versteht und beherrscht, hat die besten Voraussetzungen, um in den Kreis der Qualitätsfachleute aufgenommen zu werden. Nachfolgend sehen Sie einige Beispiele aus einem Gespräch unter Qualitätsfachleuten.

> „Unser **TQM** basiert auf der **ISO 9000-Familie.**"
> „Unsere **TQM**-Methoden umfassen neben **QFD, FMEA** auch **SPC.**"
> „**OEG** und **UEG,** unserer Regelkarten, sowie die Prozessfähigkeiten
> c_p und c_{pk} werden mit unserem **CAQ-System** automatisch berechnet."
> „Unser **QMH** umfasst die wichtigsten **VAs** und **AAs.**"
> „Unser nächstes Ziel ist den **EQA** zu gewinnen."

Alles klar?

1.2 Historische Entwicklung des Qualitätsbegriffes

Der Qualitätsbegriff bedeutete …

- bis 1870 das Fachwerk bzw. die Zunft:
  Die Produktherstellung und die Produktprüfung fielen in der Person des Handwerkers zusammen.

- ab 1870, was eine Maschine macht:
  Einzug der Arbeitsteilung durch abgegrenzte Arbeitsstrukturen nach dem **Taylor'schen Prinzip**; z.B. war die Fertigung für die Herstellung und die Montage verantwortlich, die Qualitätskontrolle für die Prüfung und damit auch für deren Qualität.

- ab 1940 Qualitätskontrolle mit Schwerpunkten bei:
  Orientierung auf die Produktqualität, Durchführung von Endkontrollen

- ab 1960 Qualitätssicherung mit Schwerpunkten bei:
  Kontrollen während des Entwicklungs- und Herstellungsprozesses, Qualitätsverbesserung durch Vorbeugung, bedingte Prozessorientierung, Fokussierung von qualitätssichernden Tätigkeiten in technischen Bereichen, Qualitätssicherung als Tätigkeit von Spezialisten, Wandel vom Hersteller- zum Käufermarkt

- ab 1980 Qualitätsmanagement mit Schwerpunkten bei:
  Verpflichtung des Managements, klaren Strukturen im Unternehmen, Einbeziehung der Mitarbeiter, Qualitätsmanagement über den gesamten Produktlebenszyklus und das ganze Unternehmen, Kundenorientierung

1.3 Wandel des Qualitätsbegriffes

Wichtig ist heute, dass sich ein Unternehmen nicht nur von der Funktionstüchtigkeit seiner Produkte leiten lässt (**funktionale Qualität**), sondern auch andere Qualitäten (Produktionsqualität, Servicequalität, Beratungsqualität, Qualität der Arbeitsabläufe) berücksichtigt.

Das Produkt soll heute nicht alle technisch möglichen, sondern genau die vom Kunden gewünschten Merkmale aufweisen und sich durch höchste Gebrauchstauglichkeit, also seine **„Fitness for use"**, auszeichnen.

Die Qualitätsprüfung orientiert sich am Zwischen- und am Endprodukt sowie an den Prozessen der Produktentstehung selbst, d. h., in jedem Schritt des Prozesses sollte bereits die geforderte Qualität erreicht und entsprechend nachgewiesen werden. Eine Endkontrolle wird dadurch zwar häufig nicht ersetzt, aber mögliche Fehler bei Zwischenprodukten werden frühzeitig entdeckt und reduzieren somit sinnlose Tätigkeiten an mangelhaften Zwischenprodukten.

Unter einem Prozess wird nicht nur der „technische" Fertigungsprozess verstanden, sondern auch alle administrativen Tätigkeiten in einem Unternehmen. Außerdem entwickelt man gute Kunden-Lieferanten-Beziehungen, indem der Kunde umfangreich über das Prozessergebnis beim Lieferanten in Kenntnis gesetzt wird. Dies gilt auch für interne **Kunden- und Lieferanten-Beziehungen** (z. B. zwischen zwei sich beliefernden Fertigungsbereichen). Jeder, der eine Arbeit oder eine Ware von irgendjemandem im Betrieb entgegennimmt, gilt als dessen Kunde und hat Anspruch auf eine einwandfreie Vorarbeit und Übergabe. Dies gilt für die Werker an einer Fertigungs- oder Montagelinie genauso wie für die Arbeit in den Angestelltenbüros oder für die Zusammenarbeit zwischen Chef und Sekretariat.

Ein weiteres Kennzeichen für den Wandel, dem der Begriff „Qualität" unterworfen ist, zeigt sich darin, dass eigenverantwortliches Handeln einzelner Mitarbeiter in abgestimmten Grenzen immer mehr an Bedeutung gewinnt. Dies verlangt eine starke Integration und Qualifikation des Mitarbeiters in die Arbeitsprozesse; es müssen Handlungsspielräume und Informationswege definiert und gestaltet werden. Das Ziel **„Null Fehler"** in Prozessen und Produkten sollte durch „kontinuierliche und **ständige Verbesserung**" (**Continuous Improvement**) von Prozessen und Produkten erreicht werden.

Qualität erzeugen bedeutet damit, „heute besser zu sein als gestern und morgen besser zu sein als heute".

1.3.1 Qualitätsbegriff in der Norm

Nach DIN EN ISO 9000:2015 ist der Begriff „Qualität" wie folgt definiert:

„Grad, in dem ein Satz inhärenter Merkmale eines Objekts Anforderungen erfüllt."

Anmerkung 1 der Norm:
Die Benennung „Qualität" kann zusammen mit Adjektiven wie schlecht, gut oder ausgezeichnet verwendet werden.
Anmerkung 2 der Norm:
„Inhärent" bedeutet im Gegensatz zu „zugeordnet" „einer Einheit innewohnend", insbesondere als ständiges Merkmal.

Der Begriff „Qualität" beschreibt nach dieser Normdefinition, inwieweit in einem Produkt die Anforderungen von Kunden, Gesetzgeber und anderen interessierten Parteien realisiert wurden. Ein Produkt mit „schlechter Qualität" erfüllt demnach die an es gestellten Anforderungen unzureichend bzw. schlecht.

Diese Definition kann auch auf die Qualität von Prozessen übertragen werden, schlechte Qualität hieße hierbei eine schlechte Erfüllung der an den Prozess gestellten Anforderungen.

1.3.2 Qualitätskreis

Qualität wird durch alle Abteilungen des Betriebs im sogenannten **Qualitätskreis** bestimmt.

Dieser Qualitätskreis ist ein Modell, das alle zusammenwirkenden Tätigkeiten zu einem Produkt beinhaltet, die die Qualität in den verschiedenen Produktlebensphasen beeinflussen. Diese reichen von der Feststellung der Produktanforderungen (Marketing und Marktforschung) bis zum Lebensende des Produktes (Beseitigung oder Recycling).

Bild 1.1: Qualitätskreis

Ausgehend von Marketing und Marktforschung sind die wichtigsten Aufgaben während eines Produktlebenszyklus' im Uhrzeigersinn aufgelistet. In der Regel sind diese Aufgaben im Unternehmen miteinander verknüpft.

1.3.3 Kundenorientierung

Was begeistert den Kunden und was setzt er voraus?

Mit der Untersuchung von Kundenanforderungen hat sich der Japaner Kano intensiv auseinandergesetzt. Kano hat seine Ergebnisse in seinem recht einfachen **KANO-Modell** dargestellt.

Im Modell sind folgende Anforderungen klassifiziert:

● Basisanforderungen
Basisanforderungen sind vom Kunden unausgesprochene Anforderungen. Es sind Selbstverständlichkeiten, von denen der Kunde ausgeht, dass sie im Produkt realisiert sind. Basisanforderungen erzeugen auch bei hohem Erfüllungsgrad noch keine ausreichende Kundenzufriedenheit.

● Leistungsanforderungen
Leistungsanforderungen werden vom Kunden direkt genannt. Es sind Anforderungen, die ihm besonders wichtig sind. Bei einem Wettbewerbervergleich betrachtet der Kunde meist diese Leistungsanforderungen. Leistungsanforderungen beeinflussen die Kundenzufriedenheit direkt entsprechend ihrem Erfüllungsgrad.

● Begeisterungsanforderungen
Begeisterungsanforderungen werden vom Kunden meist nicht genannt. Diese Begeisterungsanforderungen kennt der Kunde entweder nicht, weil sie technische Neuerungen betreffen, oder er erwartet die Erfüllung dieser Anforderungen in dem jeweiligen Produkt noch nicht. Umgesetzte Begeisterungsanforderungen helfen ganz erheblich, die Kundenzufriedenheit zu maximieren.

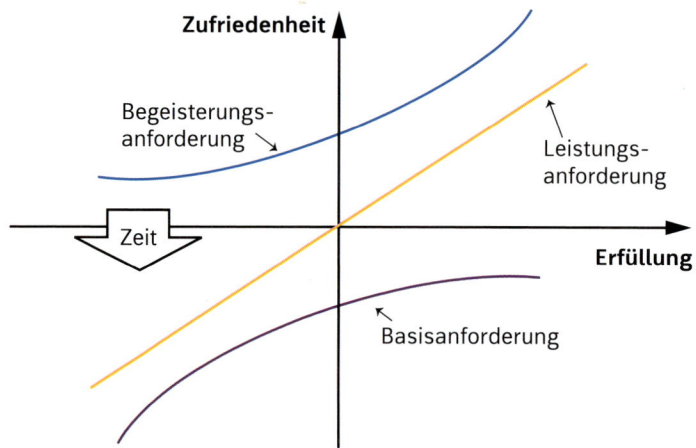

Bild 1.2: KANO-Modell

Am Beispiel eines Autos und dem Essen in einer Pizzeria soll dies verdeutlicht werden:

Basisanforderung: → Fahrzeug springt jeden Tag an, Sicherheitsgurte
Leistungsanforderung: → Benzinverbrauch, Kofferraumvolumen, Motorleistung
Begeisterungsanforderung: → gut verteilte Ablagefächer, Lackierungs-Auswahl

Basisanforderung: → Pizza ist warm
Leistungsanforderung: → Größe und Belag der Pizza, Preis, Freundlichkeit
Begeisterungsanforderung: → Ambiente im Lokal

Im Laufe der Zeit werden aus Begeisterungsanforderungen zunächst Leistungsanforderungen und schließlich Basisanforderungen. Über die Ausstattung eines Fahrzeuges mit Sicherheitsgurten konnten sich Menschen früher bestimmt begeistern. Heute ist sie eine absolute Basisanforderung.

2 Funktionen des Qualitätsmanagements

Der Begriff **„Qualitätsmanagement"** ist in der DIN EN ISO 9000:2015 wie folgt definiert:
„Qualitätsmanagement Management bezüglich Qualität."

Anmerkung der Norm:
„Qualitätsmanagement kann das Festlegen der Qualitätspolitiken und der Qualitätsziele sowie Prozesse für das Erreichen dieser Qualitätsziele durch Qualitätsplanung, Qualitätssicherung, Qualitätssteuerung und Qualitätsverbesserung umfassen."

Das nachfolgende Bild stellt die Zusammenhänge der Funktionen im Qualitätsmanagement dar. Diese Funktionen werden nicht zwangsläufig nur durch die „Abteilung Qualitätswesen" in einem Unternehmen durchgeführt:
Aufgaben der Qualitätsplanung (z. B. Prüfplanung) können z. B. durchaus von der Abteilung Entwicklung und Konstruktion, Aufgaben der Qualitätssteuerung (Stichprobenentnahme und -prüfung) durch die Produktion selbst durchgeführt werden. Dies folgt dem Prinzip der Eigenverantwortlichkeit der Mitarbeiter für die Qualität ihrer jeweils durchgeführten Aufgaben. Die konkrete Umsetzung ist allerdings immer unternehmensspezifisch geregelt.

Bild 2.1: Funktionen des Qualitätsmanagements im Unternehmen

Diese Funktionen finden sich im gesamten Produktlebenszyklus wieder, von der Produktentstehung bis hin zur Anwendung des Produktes durch den Kunden (siehe Qualitätskreis). Sie müssen in die betrieblichen Abläufe und in die bestehende Firmenorganisation integriert werden.

2.1 Qualitätspolitik

Der Begriff **„Qualitätspolitik"** ist in der DIN EN ISO 9000:2005 wie folgt definiert:
„Politik bezüglich Qualität."

Anmerkungen der Norm:
„Üblicherweise steht die Qualitätspolitik mit der übergeordneten Politik der Organisation in Einklang, sie kann der Vision und Mission der Organisation angepasst werden und bildet den Rahmen für die Festlegung von Qualitätszielen."

9

„Qualitätsmanagementgrundsätze dieser internationalen Norm können als Grundlage für die Festlegung einer Qualitätspolitik dienen."

Die Qualitätspolitik wird von der Geschäftsleitung eines Unternehmens formell (also schriftlich) definiert und veröffentlicht und soll allen Mitarbeitern eine Orientierung geben, was hinsichtlich der Qualität für das Unternehmen und seine Kunden wichtig ist. Die meisten Unternehmen veröffentlichen ihre Qualitätspolitik auch auf ihren Internetseiten.

Wie in der obigen Norm-Anmerkung beschrieben, betreffen die Inhalte der Qualitätspolitik in der Regel die Grundsätze des Qualitätsmanagements (siehe Kap. 3.2.2), z. B. die Kundenorientierung, prozessorientierte Ansätze, ständige Verbesserung.

2.2   Qualitätsplanung

Der Begriff **„Qualitätsplanung"** ist in der DIN EN ISO 9000:2015 wie folgt definiert:
„Teil des Qualitätsmanagements, der auf das Festlegen der Qualitätsziele und der notwendigen Ausführungsprozesse sowie der zugehörigen Ressourcen zum Erreichen der Qualitätsziele gerichtet ist."

Mit anderen Worten umfasst die **Qualitätsplanung** die Gesamtheit der planerischen Tätigkeiten, ausgehend von der Produktidee bis zur Produktnutzung, ggf. auch Produktentsorgung.

Schwerpunkte der Qualitätsplanung betreffen dabei:

- die konkrete Berücksichtigung und Erfüllung der Kundenanforderungen und die daraus resultierenden Produkteigenschaften
- die technische Realisierbarkeit bei der Entwicklung und Herstellung des Produktes
- die benötigten materiellen, personellen und finanziellen Ressourcen zur Produktrealisierung.

Die Notwendigkeit einer sinnvollen Qualitätsplanung zeigen Untersuchungen, aus denen hervorgeht, dass die meisten Qualitätsprobleme in der Produktplanung, Entwicklung und Prozessplanung entstehen. Die Fehlerbehebung von diesen „Planungsfehlern" erfolgt meist erst in der Produktion/ Prüfung oder im schlimmsten Fall beim Kunden.

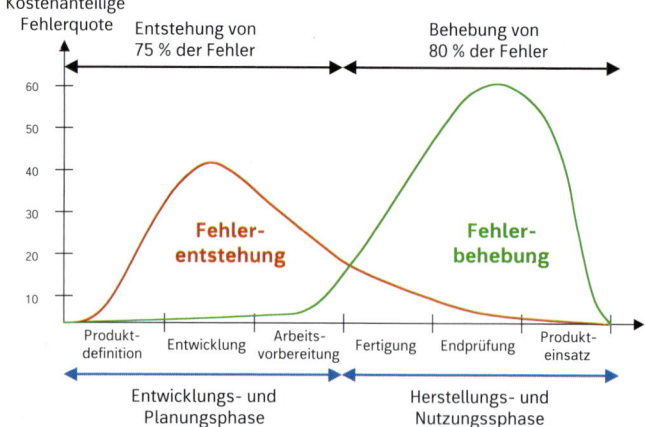

Bild 2.2: Fehlerentstehung und Fehlerbehebung (Quelle: Pfeifer, Tilo, 1993)

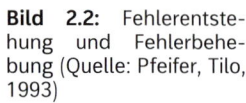

Die Entwicklung der Kosten zur Fehlerbehebung folgt nach Prof. Pfeifer dem Modell der **Zehnerregel**. Ein erkannter Planungsfehler in der Entwicklung (z. B. falsche Auslegung bzw. Bemaßung) kostet durch sofortige Änderung einer Zeichnung beispielsweise nur wenige Cent, wird der Fehler erst beim Kunden erkannt, können leicht Fehlerbehebungskosten von 100 EUR oder mehr je Produkt entstehen.

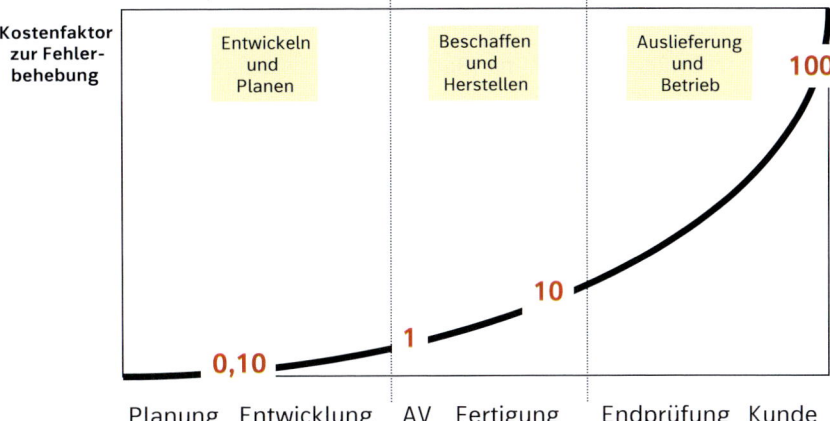

Bild 2.3: Zehnerregel der Fehlerkosten (Quelle: Pfeifer, Tilo, 1993)

Geeignete Hilfsmittel in der Qualitätsplanung sind u. a. die im Kapitel „Werkzeuge des Qualitätsmanagements" beschriebenen Werkzeuge, die Methoden „Quality Function Deployment (QFD)" und „Fehlermöglichkeits- und Einflussanalyse (FMEA)". Diese Werkzeuge und Methoden helfen, die Fehlerentstehung zu reduzieren. Sie sind also präventive (verhütende) Werkzeuge und reduzieren durch weniger entstehende Fehler natürlich auch in großem Maße die notwendige Fehlerbehebung.

Eine weitere Aufgabe der Qualitätsplanung ist die Auswahl und Festlegung der **Qualitätsmerkmale** eines Produktes oder einer Dienstleistung sowie die Festlegung von Toleranzbereichen für die Fertigung dieser Merkmale.

2.2.1 Merkmalstypen

Quantitative Merkmale (messbare/zählbare Merkmale)

Quantitative Merkmale sind Merkmale, deren Werte einer Skala zugeordnet sind, auf der Abstände definiert sind. Diese Merkmalswerte sind damit messbar und können durch einen Zahlenwert festgelegt und geprüft werden.

Man unterscheidet:
a) Diskrete Merkmale
   Es gibt nur bestimmte Merkmalswerte (Zählwerte) wie Schneidenanzahl an einem Fräser, Anzahl Rosinen im Rosinenbrot, Augenzahl auf dem Würfel etc.

b) Kontinuierliche Merkmale
   Es gibt beliebig viele Merkmalswerte (Messwerte) innerhalb eines Zahlenbereiches, wie Länge eines Bauteils in mm, Temperatur des Lötbades in K, Füllgewicht einer Verpackungseinheit in g etc.

Qualitative Merkmale (beobachtbare Merkmale)

Qualitative Merkmale sind Merkmale, deren Werte einer Skala zugeordnet sind, auf der keine Abstände definiert sind. Diese Merkmalswerte sind durch eine Eigenschaft beschreibbar.

Man unterscheidet:

a) Ordinalmerkmale

Es besteht eine Ordnungsbeziehung (Rangordnung) zwischen den Merkmalswerten, z. B.:

Lohngruppen   ⇒ LG 1 – LG 2 – LG 3 etc.
Schulnoten   ⇒ 1, 2, 3, 4, 5, 6
Temperatur   ⇒ kalt – lauwarm – warm – heiß

b) Nominalmerkmale

Es besteht keine Ordnungsbeziehung zwischen den Merkmalswerten, z. B.:

Prüfung ⇒ gut – schlecht
Farbe von Spielfiguren ⇒ blau – gelb – rot
Geschlecht ⇒ weiblich – männlich

2.3   Qualitätsprüfung

Der Begriff **„Prüfung"** ist in der DIN EN ISO 9000:2015 wie folgt definiert:
  „Bestimmung der Konformität mit festgelegten Anforderungen."

Anmerkung der Norm:
„Zeigt das Ergebnis einer Prüfung Konformität, kann es zu Zwecken der Verifizierung verwendet werden."

„Das Ergebnis einer Prüfung kann Konformität oder Nichtkonformität oder einen Grad von Konformität aufzeigen."

Der Begriff „Konformitätsbewertung" bedeutet in der Definition die „Gleichheit" zwischen der Vorgabe (z. B. in einer Zeichnung) und dem Ergebnis (z. B. nach der Fertigung) eines Merkmals.

Die Qualitätsprüfung auf Erfüllung einer festgelegten Qualitätsanforderung umfasst folgende drei Aufgabenschwerpunkte:

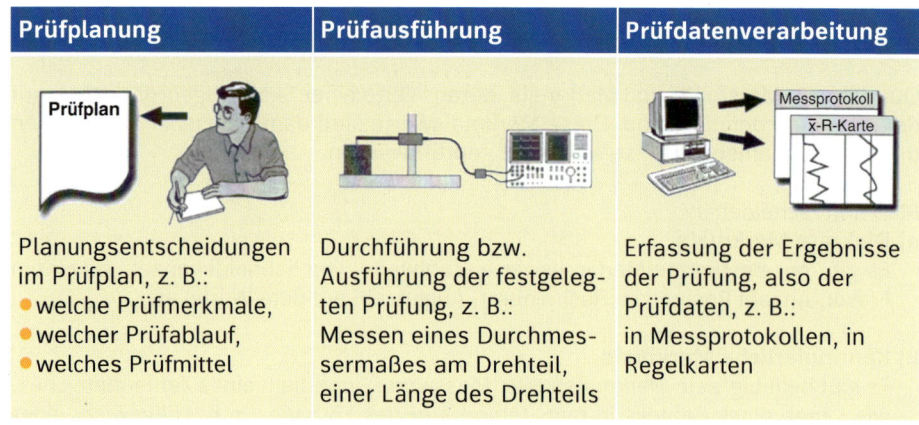

Prüfplanung	Prüfausführung	Prüfdatenverarbeitung
Planungsentscheidungen im Prüfplan, z. B.: • welche Prüfmerkmale, • welcher Prüfablauf, • welches Prüfmittel	Durchführung bzw. Ausführung der festgelegten Prüfung, z. B.: Messen eines Durchmessermaßes am Drehteil, einer Länge des Drehteils	Erfassung der Ergebnisse der Prüfung, also der Prüfdaten, z. B.: in Messprotokollen, in Regelkarten

Bild 2.4: Übersicht der Aufgabenschwerpunkte der Qualitätsprüfung

2.3.1   Prüfplanung

Die **Prüfplanung** umfasst die Planung der Qualitätsprüfung im gesamten Produktionsablauf, vom Wareneingang der Zukaufteile bis zur Auslieferung des fertigen Produktes. Sie definiert die technischen und organisatorischen Voraussetzungen für eine wirkungsvolle und wirtschaftliche Qualitätsprüfung.

Eine Prüfplanung kann erst erfolgen, wenn die Qualitätsmerkmale im Rahmen der Qualitätsplanung festgelegt wurden (z. B. in Zeichnungen, Rezepturen).

Vorgehensweise bei der Erstellung von Prüfplänen

Prüfpläne müssen in der Regel folgende Fragen beantworten:

„WAS ist zu prüfen?"

Prüfmerkmal beschreiben, z. B. Bohrungsdurchmesser, Oberflächenbeschaffenheit

„WIE VIEL ist zu prüfen?"

Prüfumfang festlegen, z. B. 100 %-Prüfung, Stichprobenumfang,
Skip-Lot (Prüfverzicht)

„WIE OFT ist zu prüfen?"

Prüfhäufigkeit festlegen, z. B. jede Stunde, einmal pro Schicht, jedes 50. Teil

„WOMIT ist zu prüfen?"

Prüfmittel auswählen, z. B. Messschieber, Messuhr

„WIE ist zu prüfen?"

Prüfmethode festlegen, z. B. Messung oder Beurteilung

„WANN ist zu prüfen?"

Prüfzeitpunkt festlegen, z. B. Eingangs-, Zwischen- oder Endprüfung,
vor oder nach einem Bearbeitungsschritt

„DURCH WEN ist zu prüfen?"

Prüfer festlegen, z. B. Werker, Qualitätssicherungsfachmann, Laborpersonal

„WO ist zu prüfen?"

Prüfort festlegen, z. B. direkt an der Maschine, im Messraum, beim Lieferanten

„PRÜFDATEN-Verarbeitung?"

Prüfergebnisse dokumentieren, z. B. Prüfprotokoll, Regelkarte, Rechner

---

Die „VDI/VDE/DGQ-Richtlinie 2619" beschreibt die Vorgehensweise zum Erstellen eines Prüfplanes (in gekürzter Form dargestellt):

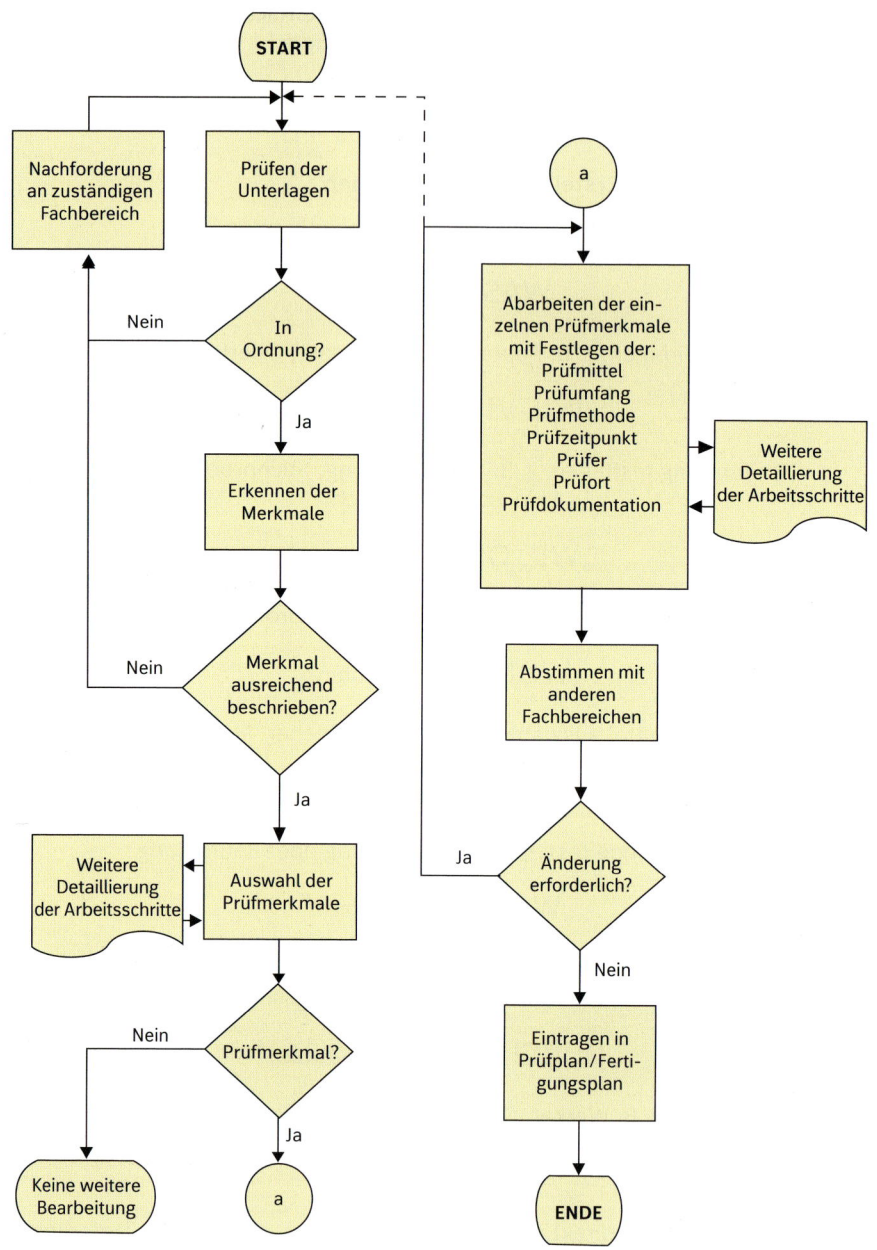

Bild 2.5: VDI/VDE/DGQ-Richtlinie 2619 zur Prüfplanerstellung

Beispiel eines Prüfplans

Prüfplan	Dok.-Nr.: Q-313895-2/07 Blatt: 1 von 1

Ident-Nr.:	275	Zeichnungs-N	558200002
Benennung:	Gewindering	Prüfplan-Nr.:	99

lfd.Nr.	Prüfmerkmal	Prüfmittel	Prüf-umfang	Prüf-methode	Prüf-zeitpunkt	Prüf-dokumentation
1	Länge L1	Messschieber	n = 2	1/V	5 h	Regelkarte
2	Länge L2	Messschieber	n = 2	1/V	5 h	Regelkarte
3	Durchmesser	Messschraube	n = 10	1/V	5 h	Regelkarte
4	Rundheit	Rundheitsmessgerät	n = 2	3/V	5 h	Regelkarte
5	Gewinde	Gewindelehrdorn	n = 5	1/V	3 h	Regelkarte
6	Oberflächengüte	Oberflächentaster	n = 5	3/V	3 h	Regelkarte
7	Materialhärte	Härteprüfgerät	n = 1	3/V	100 Stück	Messprotokoll
8	Grat	Sichtprüfung	n = 2	1/A	100 %	Regelkarte
9						
10						
11						
12						
13						
14						
15						
16						

Prüfmethode:

1 = Werker-Selbstprüfung

2 = Prüfung durch Qualitäts-sicherung

3 = Prüfung durch Messraum

4 = Prüfung durch Labor

V = variabel (quantitativ ermitteln)

A = attribut (qualitativ ermitteln)

n = Anzahl der Teile aus dem Gesamtlos (Stichprobe)

Erstellt:	Greßler			
Datum:	14.09.2017			
Freigabe:	Göppel			
Änderungsstand:				
Verteiler:	Greßler	Göppel	Schmid	Maier

Bild 2.6: Prüfplan

2.3.2 Prüfausführung

Die **Prüfausführung**/-durchführung stellt fest, ob und inwieweit ein Merkmal eines Produktes, die an es gestellten Qualitätsanforderungen erfüllt. Die ermittelten Werte werden mit den in der Prüfplanung festgelegten Vorgabewerten verglichen („Konformitätsbewertung"). Bei Abweichungen soll möglichst frühzeitig am Fehlerentstehungsort die Ursache ermittelt und geeignete Sofort- bzw. Korrekturmaßnahmen eingeleitet werden.

Der Anwendungsbereich der Prüfausführung erstreckt sich auf alle eingekauften Materialien und Produkte sowie auf alle selbstgefertigten Produkte in den jeweiligen Produktentstehungsphasen.

Für alle Phasen der Produktentstehung sind durch die Prüfplanung die Art, der Inhalt, die Zuständigkeit und die Häufigkeit der Prüfungen in sogenannten Prüfplänen festgelegt.

Die Arten von Prüfungen lassen sich in Eingangs-, Zwischen- und Endprüfung einteilen:

Die **Eingangsprüfung** muss sicherstellen, dass ein zugeliefertes Material oder Produkt nicht verwendet oder verarbeitet wird, solange nicht durch eine Prüfung bestätigt ist, dass die festgelegten Qualitätsforderungen erfüllt sind.

Die **Zwischenprüfung** stellt die geforderte Qualität an Bauteilen und Baugruppen innerhalb des Fertigungsablaufes fest. Sie wird von der Fertigung selbst oder vom Qualitätswesen durchgeführt. Hier findet zur Dokumentation und Prozessüberwachung das Werkzeug „Statistische Prozessregelung (SPC)" seinen Einsatz.

Als **Endprüfung** werden Prüfungen bezeichnet, die während oder am Ende einer Fertigung an Fertigerzeugnissen oder an Endprodukten vor der Einlagerung bzw. vor dem Versand an den Kunden durchgeführt werden.

16

Beispiel **einer Wareneingangsprüfung**

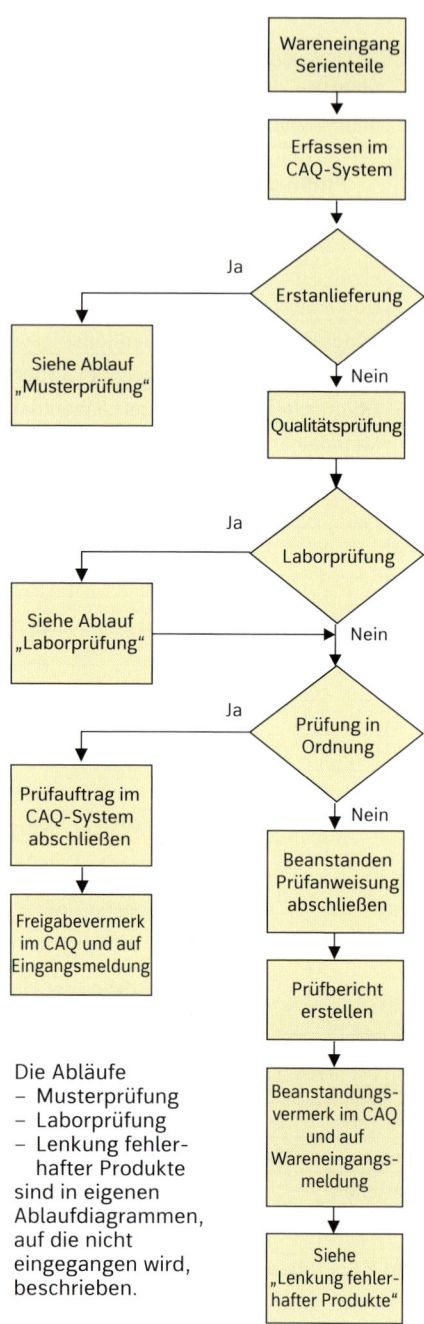

Die Abläufe
– Musterprüfung
– Laborprüfung
– Lenkung fehlerhafter Produkte
sind in eigenen Ablaufdiagrammen, auf die nicht eingegangen wird, beschrieben.

Bild 2.7: Ablauf Wareneingangsprüfung

2.3.3 Prüfhäufigkeit und Prüfumfang

Die **Prüfhäufigkeit** legt fest, wie oft eine bestimmte Prüfung durchzuführen ist. Dies kann durch Zeitzyklen (z. B. jede Stunde, jede Schicht) oder durch Produktionsmengen (1 × je Charge, jedes 50. Teil) erfolgen. Die Prüfhäufigkeit ist damit ein entscheidender Faktor bezüglich der Wirtschaftlichkeit der Prüfungen. Sind die Prüfhäufigkeiten zu gering, können fehlerhafte Produkte oder Prozessstörungen ggf. nicht erkannt werden. Sind die Prüfhäufigkeiten hoch, investiert das Unternehmen hohe Kosten in die Prüfungstätigkeiten.

Der **Prüfumfang** unterscheidet zwischen 100 %-Prüfung, Stichprobenprüfung und dynamisierter Stichprobenprüfung:

Bei der **100 %-Prüfung** werden alle Einheiten auf die festgelegten Qualitätsanforderungen geprüft. Da in der Serienproduktion durch eine 100 %-Prüfung der zeitliche und finanzielle Aufwand sehr hoch sein kann, werden Prüfmaßnahmen auch alternativ als Stichprobenprüfung durchgeführt.

Aus einer **Grundgesamtheit** (= die Gesamtheit aller Teile „N") wird dabei eine **Stichprobe** (kleinere Anzahl von Einheiten „n") entnommen und geprüft. Dem Fertigungsprozess werden in möglichst gleichen Zeitabständen (bestimmt durch die Prüfhäufigkeit) immer wieder Stichproben von gleichem Umfang „n" entnommen. Je nach Ergebnis vorangegangener Prüfungen kann der Prüfumfang der Stichprobe in einem Prozess verändert werden. Die Änderung des Prüfumfangs nennt man **„Dynamisierung"** (dynamisierte Stichprobenprüfung).

Mit der **dynamisierten Stichprobenprüfung** wird erreicht, dass Fertigungsprozesse mit schlechter Qualität intensiver (größerer Prüfumfang), solche mit guter Qualität weniger intensiv (kleinerer Prüfumfang) oder sogar für eine festgelegte Zeit überhaupt nicht geprüft werden (Skip-Lot). Hierbei unterscheidet die dynamisierte Stichprobenprüfung verschiedene Prüfniveaus, die den Umfang der Stichprobenprüfung festlegen.

Als Prüfniveaus stehen eine 100 %-Prüfung, verschärfte Prüfung, normale Prüfung, reduzierte Prüfung und Skip-Lot (Prüfverzicht) zur Verfügung.

Beginnend mit einer Prüfung auf normalem **Prüfniveau** (normale Prüfung) werden die nacheinander gezogenen Stichprobenlose geprüft. Entsprechend bestimmter Kriterien in einer vorab festgelegten sogenannten „Übergangstabelle" wird das Prüfniveau der bisherigen Prüfhistorie (bisherige Ergebnisse der durchgeführten Prüfungen) angepasst. Das Beispiel einer Übergangstabelle in Bild 2.8 definiert hierbei folgende Kriterien:

- 3 × gute Prüfergebnisse bei nacheinander geprüften Losen   ⇒ Prüfniveau um 1 Stufe reduzieren
- 1 × schlechtes Prüfergebnis   ⇒ Prüfniveau um 1 Stufe erhöhen
- 1 × nicht geprüft (Skip-Lot)   ⇒ Prüfniveau auf „reduziert" setzen

Im Bild sind mögliche Verläufe einer Dynamisierung erkennbar: ein Verlauf mit nur guten Prüfergebnissen (siehe grüne Sterne), bei dem das Prüfniveau immer zwischen „reduziert" und „Skip-Lot" wechselt und ein Verlauf mit vorhandenen Abweichungen/Fehlern in der geprüften Stichprobe (siehe rote Kreise). Hier wächst das Prüfniveau bis zur 100 %-Prüfung an.

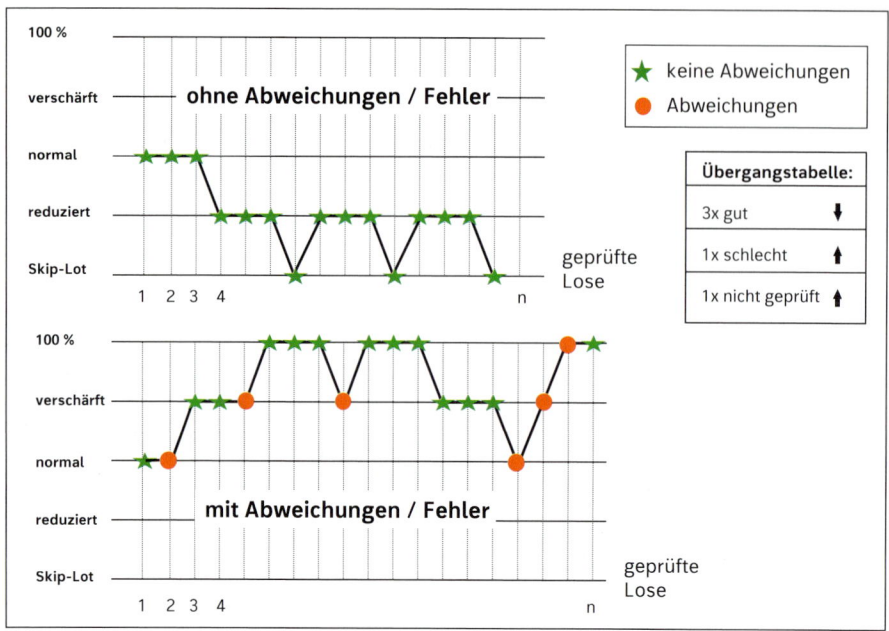

Bild 2.8: Dynamisierte Stichprobenprüfung

2.3.4 Prüfdatenverarbeitung

Die Prüfdatenerfassung und -verarbeitung ist ein wichtiges Element der Qualitäts-prüfung, da die im Produktionsablauf gewonnenen Prüfdaten die Grundlage für eine zukünftige effiziente Prüfplanung und -ausführung sind. Und letztendlich entsteht durch die Prüfdaten die Möglichkeit, die Fertigungsprozesse zu verbessern bzw. bei möglichen Fehlern rechtzeitig einzugreifen. Die ermittelten Prüfdaten werden ent-weder in Papierformularen oder direkt in EDV-Programmen dokumentiert.

Die in EDV-Programmen erfassten Daten bilden die **Qualitätsdatenbasis**. Diese Datenbasis kann z. B. in einem vernetzten Rechnersystem (Server bzw. Zentralrechner) gespeichert und ausgewertet werden, sodass die Nutzung von allen angeschlossenen Abteilungen möglich ist.

Die Qualitätssteuerung baut auf den im Fertigungsablauf bzw. Produktlebenszyklus erfassten Prüfdaten auf und steuert bzw. lenkt die Fertigungsprozesse so, dass möglichst wenig Fehler und damit verbundener Ausschuss und Nacharbeitsaufwand entsteht.

2.4 Qualitätssteuerung

Ziel der **Qualitätssteuerung** ist bei Abweichung vom Sollwert, Maßnahmen am Pro-zess zu veranlassen, um weitere Fehler zu vermeiden.

Die DIN EN ISO 9000:2015 definiert die Qualitätssteuerung wie folgt:
> *„Teil des Qualitätsmanagements, der auf die Erfüllung von Qualitätsanforderungen gerichtet ist."*

Varianten der Qualitätssteuerung:

Die Qualitätssteuerung erfolgt meist auf Basis von vier grundlegenden Varianten. Diese Varianten unterscheiden sich durch „kontinuierliche" (100 %-Prüfung) oder „statistische" Prüfungen (ausgewertete Stichproben). Außerdem wird unterteilt in „Überwachung" (Aussortierung) und „Regelung" (Eingriffe in die Prozesse, Nachregelung). Welche Variante eingesetzt wird, hängt oft auch von den technischen und finanziellen Möglichkeiten des Unternehmens ab.

Kontinuierliche Qualitätsüberwachung ist teuer und zeitaufwendig und verbessert den Fertigungsprozess nicht.

Kontinuierliche Qualitätsregelung ist ebenfalls teuer und erfordert meist technisch komplexe Prozesse bzw. Maschinen, um permanent nachzuregeln. Ausschussteile treten, eine optimal arbeitende Regelung vorausgesetzt, praktisch nicht mehr auf.

Statistische Qualitätsüberwachung kann zu fehlerhaft gefertigten Teilen zwischen den Stichprobenprüfungen führen und verbessert den Fertigungsprozess nicht. Um Schlechtteile zu vermeiden, werden deshalb meist die zwischen den Prüfungen gefertigten Teile getrennt gesammelt, um bei fehlerhaften Prüfergebnissen die bis zur letzten „guten" Prüfung gefertigten Teile nachträglich zu 100 % prüfen zu können.

Statistische Prozessregelung ist kostengünstig, erfordert aber von den zuständigen Mitarbeitern gute Kenntnisse zu statistischen Auswertungen und dem Führen von Regelkarten. Die Statistische Prozessregelung (SPC) ist in Kapitel 5.5 ausführlich mit Beispielen beschrieben.

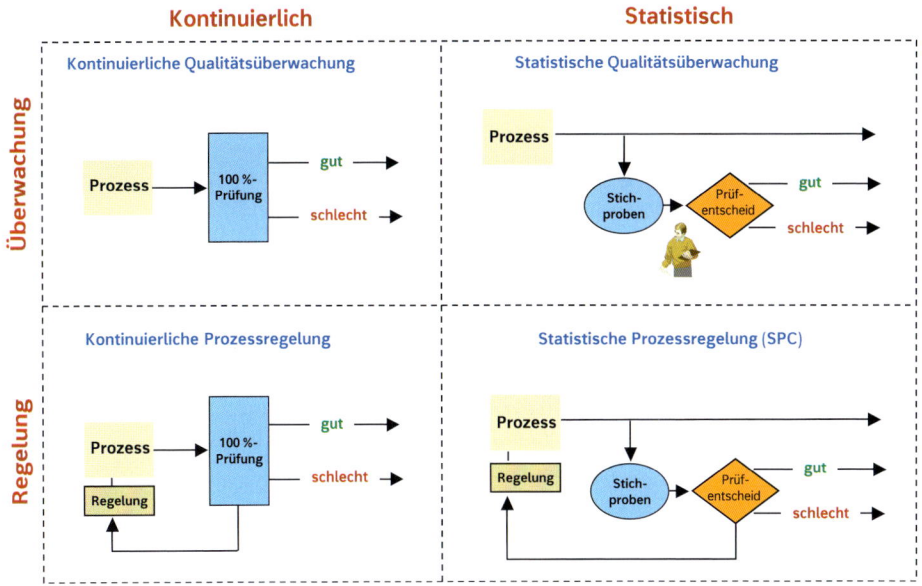

Bild 2.9: Varianten der Qualitätssteuerung

19

Bei den „Regelungs"-Varianten werden sogenannte **Qualitätsregelkreise** in der Fertigungskette installiert. Diese Regelkreise umfassen neben der Herstellung von Teilen (Arbeitsschritt 1) die Prüfung der gefertigten Teile (Prüfung) und den daraus resultierenden Prüfentscheid (Gut-/Schlecht-Teile, Ausschuss oder Nacharbeit) sowie zukünftige Eingriffe in den Arbeitsschritt, um mögliche Schlechtteile zu vermeiden.

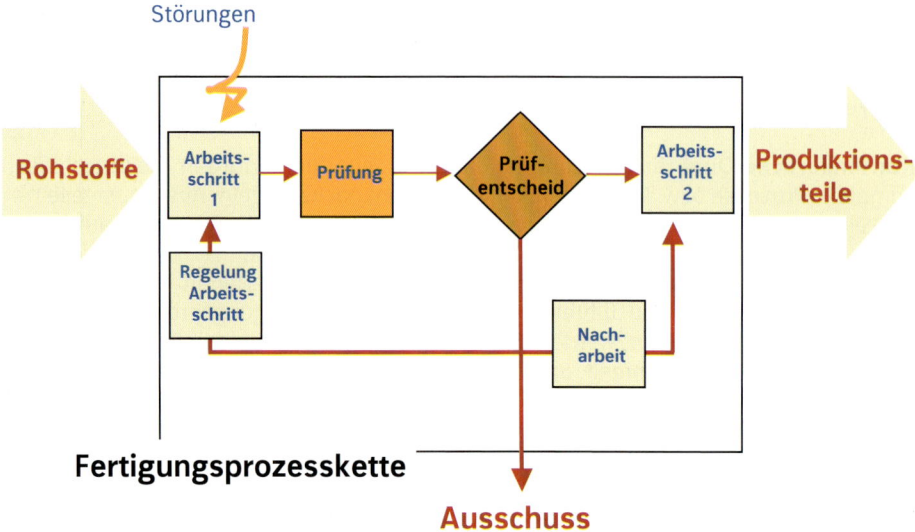

Bild 2.10: Qualitätsregelkreis

Die vorgenommenen Eingriffe und Maßnahmen zur Regelung des Arbeitsschrittes beziehen sich meist auf Störungen, die während der Herstellung von Teilen auf die Arbeitsschritte einwirken. Die Störungen werden gern auch als die 7M-Störungen bezeichnet. Hierbei steht „7M" als Kurzbezeichnung für die am häufigsten auftretenden sieben Störungsursachen.

Die 7M-Störgrößen sind, z. B.:

Mensch:	Qualifikation, Verantwortungsgefühl, Kondition
Maschine:	Steifigkeit, Positionsgenauigkeit, Rundlauf, Geradheit, Verschleißzustand, Schneidengeometrie, Maß, Form oder Toleranz des Werkzeuges
Material:	Abmessungen, Formabweichungen, Festigkeit, Spannungen, Gefüge
Management:	Qualitätspolitik bzw. falsche Qualitätsziele
Methode:	Arbeitsfolge, Fertigungsverfahren, Prüfmethode
Mitwelt:	Temperatur, Feuchte, Licht, Gase, Schwingungen
Messbarkeit:	Messunsicherheit

Wird der Einfluss der Störgrößen verringert, verkleinert sich auch die Streuung der Fertigungsprozesse und deren Merkmalswerte. Eine verringerte Streuung wirkt sich dabei immer positiv auf die Qualität und Lebensdauer/Zuverlässigkeit eines Produktes aus.

2.5   Qualitätssicherung

Der Begriff **„Qualitätssicherung"** ist in der DIN EN ISO 9000:2015 wie folgt definiert:
„Teil des Qualitätsmanagements, der auf das Erzeugen von Vertrauen darauf gerichtet ist, dass Qualitätsanforderungen erfüllt werden."

Um Vertrauen in die Erfüllung der Qualitätsanforderungen zu erreichen, bedient sich die Qualitätssicherung der Ergebnisse der Qualitätsprüfung (siehe Bild 2.1, Funktionen des Qualitätsmanagements). Hier werden die Arbeitsergebnisse überprüft und bestätigt. Zur Vertrauensbildung gehört neben der Qualitätssicherung auch die Nachweisführung. Diese Nachweisführung erfolgt durch Dokumentation der Arbeitsergebnisse, die in bestimmten Fällen auch dem Kunden zur Verfügung gestellt wird. Aufgaben in der Qualitätssicherung sind deshalb die Erstellung von Produktzertifikaten und Gütesiegeln für Produkte (Werkszeugnisse, CE-Zeichen, GS-Zeichen etc.) bezüglich der Produktqualität oder die Durchführung von sogenannten Zertifizierungen des gesamten Qualitätsmanagementsystems (z. B. ISO 9000-Zertifizierung) hinsichtlich der Prozess- bzw. Unternehmensqualität.
So muss Spielzeug für Kinder z. B. mit dem CE-Zeichen gekennzeichnet sein, um es auf dem europäischen Markt verkaufen zu können. Hierzu muss beispielsweise nachgewiesen werden, dass die Produkte keine giftigen Inhaltsstoffe enthalten. Diesen Nachweis zu erbringen, gehört mitunter zu den Aufgaben der Qualitätssicherung.

2.6   Qualitätsverbesserung/-förderung

Der Begriff **„Qualitätsverbesserung"** ist in der DIN EN ISO 9000:2015 wie folgt definiert:
„Teil des Qualitätsmanagements, der auf die Erhöhung der Eignung zur Erfüllung der Qualitätsanforderungen gerichtet ist."

Anmerkung der Norm:
„Die Qualitätsanforderungen können jeden beliebigen Aspekt betreffen, wie Wirksamkeit, Effizienz oder Rückverfolgbarkeit."

Untersuchungen haben gezeigt, dass Probleme im Unternehmen zu ca. 20 % technische oder technisch-organisatorische und zu 80 % menschliche Ursachen haben. Ziel der **Qualitätsförderung** ist es, über ein wirksames Qualitätsmanagement hinaus die Mitarbeiter in den Arbeitsprozessen zu qualitätswirksamen Eigeninitiativen zu ermutigen und zu motivieren. Die Aktivitäten der technischen oder technisch-organisatorischen Qualitätssicherung können allein dieses Ziel nicht optimal erfüllen, da das Ziel auch durch aufwendige Qualitätsprüfungen nicht erreicht werden kann. Die Qualitätsförderung soll ein Bewusstsein im Unternehmen schaffen, indem jeder Mitarbeiter an seinem Arbeitsplatz qualitätsorientiert denkt und so handelt, als ob von ihm die Qualität des ganzen Produktes abhängig wäre. Die Qualitätsförderung stellt eine Herausforderung zur ständigen, nie endenden **Qualitätsverbesserung** dar.

Die Förderung der **Motivation** des einzelnen Mitarbeiters ist der entscheidende Faktor zur ständigen Qualitätsverbesserung. Die Motivation wird erhöht durch:

- Vertrauen, Fairness, Ermutigung und Offenheit
- Beratung, Unterricht und Schulung
- Mitteilung von Erfahrung und Wissen
- Beteiligung und Information über Ziele, Entscheidungen und Ergebnisse

Eigenverantwortlichkeit und Teamgeist sind wichtige Kriterien der Qualitätsförderung. Probleme und deren Lösungsvorschläge werden im Team unter Anleitung eines Moderators in vereinbarter Zeit gelöst. Solche Verbesserungsteams werden auch unter dem Namen **Qualitätszirkel** geführt. Hierbei ist ein strukturiertes und systematisches Vorgehen, z. B. durch einen Problemlösungsprozess (siehe Kapitel 5.1), sehr hilfreich.

***Beispiel* Problemfindung – Ergebnisverbesserung**

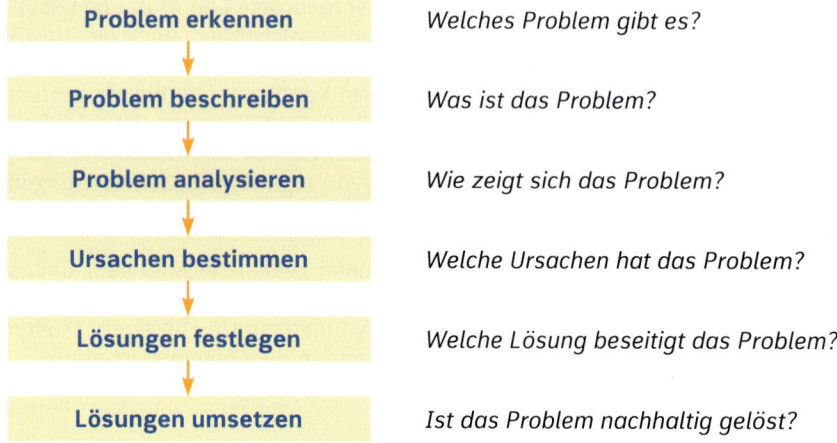

Bild 2.11: Beispiel Problemfindung – Ergebnisverbesserung

Qualitätsförderung wird meist über zwei Wege begonnen:
- Qualitätsförderung am Produkt bzw. am Prozess/Arbeitsablauf
- Qualitätsförderung der menschlichen Fähigkeiten

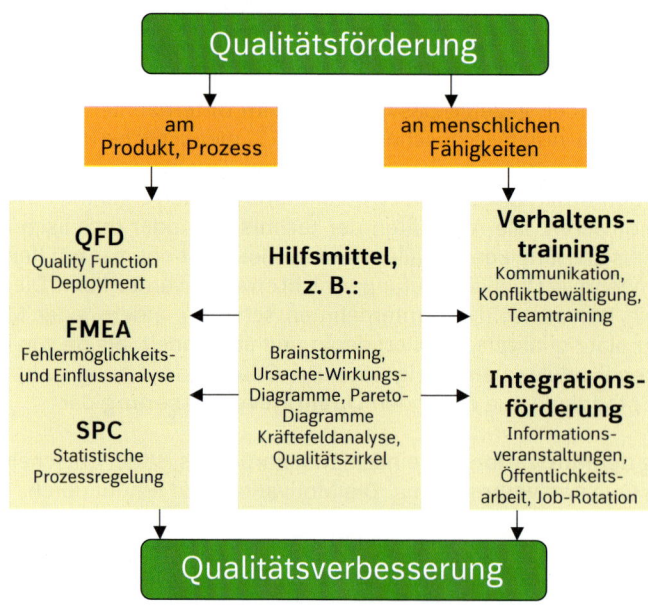

Bild 2.12: Methoden der Qualitätsverbesserung/-förderung

3 Qualitätsmanagementsysteme

Im vorhergehenden Kapitel wurde Qualitätsmanagement als „abgestimmte Tätigkeiten zum Leiten und Lenken einer Organisation" definiert. Da diese Tätigkeiten meist voneinander abhängig sind und deshalb nicht unabhängig voneinander durchgeführt werden können, werden diese Tätigkeiten in den meisten Unternehmen in einem sogenannten „Qualitätsmanagementsystem" zusammengefasst.

Die Norm DIN EN ISO 9000:2015 definiert **„Qualitätsmanagementsystem"** wie folgt:
„Teil eines Managementsystems bezüglich der Qualität."

Hierbei wird der Begriff „Managementsystem" in der gleichen Norm folgendermaßen definiert:
„Satz zusammenhängender oder sich gegenseitig beeinflussender Elemente einer Organisation, um Politiken, Ziele und Prozesse zum Erreichen dieser Ziele festzulegen."

Anmerkungen der Norm:
„Ein Managementsystem kann eine oder mehrere Disziplinen behandeln, z. B. Qualitätsmanagement, Finanzmanagement oder Umweltmanagement."

„Die Elemente des Managementsystems beinhalten die Struktur der Organisation, Rollen und Verantwortlichkeiten, Planung, Betrieb, Politiken, Praktiken, Regeln, Überzeugungen, Ziele und Prozesse zum Erreichen dieser Ziele."

„Der Anwendungsbereich eines Managementsystems kann die ganze Organisation, bestimmte Funktionen der Organisation, bestimmte Bereiche der Organisation oder eine oder mehrere Funktionsbereiche über eine Gruppe von Organisationen hinweg umfassen."

Was zu den Inhalten eines modernen Qualitätsmanagementsystems gehört, also welche konkreten Tätigkeiten dies umfassen sollte, wurde gemeinsam von Fachleuten und Unternehmen im Normenwerk der „ISO 9000-Familie" festgelegt.

3.1 Qualitätsmanagement nach der Normenfamilie ISO 9000

Trotz der Unterschiede von Unternehmen und ihren Arbeitsweisen wurden erstmals 1987 durch die International Organization for Standardization (ISO) Normen und Leitfäden für den „Aufbau von QM-Systemen" entwickelt und als „ISO-9000-Normen-Familie" veröffentlicht. Diese Normenfamilie ist als deutsche (DIN), europäische (EN) und internationale (ISO) Norm gültig.

Die Normenfamilie kann unabhängig von den Produkten oder Dienstleistungen eines Unternehmens, der Branche oder der Größe eines Unternehmens angewendet werden. Die Universalität dieser Normenfamilie **ISO 9000** zeigt sich darin, dass Organisationen wie beispielsweise Industrieunternehmen aller Branchen, aber auch z. B. Kantinenbetriebe, Kläranlagen, Kindertagesstätten, Schulen, Strafvollzugsanstalten oder Bestattungsinstitute diese Norm bereits als Grundlage für den Aufbau ihres jeweiligen Qualitätsmanagementsystems nutzen.

Sicherlich stellt sich hier die Frage, ob Qualität oder das Erzeugen von Qualität in den Tätigkeiten dieser verschiedenen Organisationen nicht unterschiedlich ist. Die Antwort ist dabei einfach: im Detail – ja, generell gesehen – nein.

Diese Tatsache wurde in den Normen dadurch berücksichtigt, dass diese Normen nicht festlegen, wie die Arbeitsabläufe konkret ablaufen oder geregelt werden sollten, sondern welche notwendigen Arbeitsabläufe in einem modernen Qualitätsmanagementsystem berücksichtigt, festgelegt und dokumentiert sein sollten.

Das folgende Beispiel soll dies kurz erläutern:

Ein Automobilhersteller muss ebenso wie eine Schule bestimmte „Dinge" beschaffen, um arbeitsfähig zu sein (der Automobilhersteller z. B. Autoteile, die Schule z. B. Unterrichtsmaterialien). Bei beiden, dem Automobilhersteller und der Schule, ist die Qualität dieser beschafften „Dinge" ausschlaggebend für die jeweiligen Tätigkeiten und Arbeitsergebnisse. Unabhängig von der jeweiligen Organisation umfasst damit ein grundsätzlicher (universeller) Beschaffungsprozess folgende wichtige Kriterien:

- Die zu beschaffenden „Dinge" müssen für eine Bestellung eindeutig spezifiziert sein.
- Die Lieferanten müssen systematisch ausgewählt werden (Termine, Kosten, Qualität).
- Die Lieferungen müssen nach bestimmten Kriterien bewertet werden (Termine, Kosten, Qualität).
- Die Abläufe in der Beschaffung müssen eindeutig und nachvollziehbar geregelt sein.

Zwar müssen diese Kriterien im Detail von jeder Organisation selbst noch ausgearbeitet und konkretisiert werden, grundsätzlich betreffen sie aber im Prinzip jede Organisation.

3.2 Die Normenfamilie ISO 9000

Die Normenfamilie zu Qualitätsmanagementsystemen umfasst insgesamt drei relevante Normen (der Ausgabestand wird in diesen Normen als Jahreszahl hinter der Normbezeichnung aufgeführt, so ist die aktuelle Ausgabe der DIN EN ISO 9001 aus dem Jahr 2015):

Bild 3.1: Die Normenfamilie ISO 9000 (Stand Juni 2017)

DIN EN ISO 9000:2015 klärt Grundlagen und Begriffe zum Qualitätsmanagement und zu Qualitätsmanagementsystemen.

DIN EN ISO 9001:2015 enthält konkrete Anforderungen an ein Qualitätsmanagementsystem, mit der Konzentration auf die Wirksamkeit des QM-Systems bei der Erfüllung der Kundenanforderungen, sowie einen prozessorientierten und risikobasierten Ansatz für das QM-System.
Die DIN EN ISO 9001:2015 wird genutzt für den Aufbau eines QM-Systems im Unternehmen, für Zertifizierungszwecke durch unabhängige, zugelassene dritte Organisationen (Zertifizierungsstellen) und kann auch als Vertragsgrundlage zwischen Kunde und Lieferant dienen.

DIN EN ISO 9004:2009 ist ein Leitfaden für einen Qualitätsmanagementansatz mit der Zielsetzung eines nachhaltigen Erfolgs beim Leiten und Lenken einer Organisation.

Die DIN EN ISO 9004:2009 kann genutzt werden, wenn ein Unternehmen die Gesamtleistung und Effizienz bzw. die Wirksamkeit der Organisation ständig verbessern will.

Alle in diesen Normen festgelegten Anforderungen sind von allgemeiner Ausprägung und unabhängig vom Zweck einer Organisation anwendbar. Lassen sich bestimmte Anforderungen dieser Normen auf eine Organisation nicht anwenden, können diese ausgeschlossen werden (z. B. bei Zertifizierung oder bei der Nutzung als Vertragsgrundlage). Allerdings müssen Ausschlüsse von Anforderungen schriftlich begründet werden, beispielsweise durch nähere Erläuterungen in der Beschreibung des Kontextes der Organisation.

3.2.1 Die Struktur der DIN EN ISO 9001

Die DIN EN ISO 9001:2015 basiert auf drei elementaren Säulen:

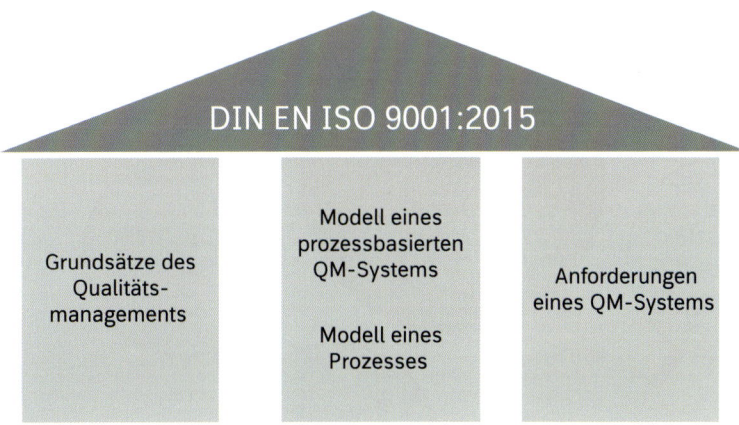

Bild 3.2: Die Säulen der DIN EN ISO 9001:2015

Die **Grundsätze des Qualitätsmanagements** beschreiben grundsätzliche Ausrichtungen, die ein modernes Qualitätsmanagementsystem berücksichtigen sollte, und geben dem Unternehmen und seinen Mitarbeitern Beispiele für relevante Grundprinzipien eines QM-Systems. Oftmals dienen diese Grundsätze eines Unternehmen als Basis bei der Formulierung ihrer Q-Politik und der Q-Ziele.

Das Modell eines **prozessbasierten QM-Systems** definiert, wie die Anforderungen der Norm in Form eines Regelkreises zusammenwirken und so zur kontinuierlichen Verbesserung der Unternehmensleistung führen können. Das Modell gibt den Rahmen für das QM-System vor. Das Modell eines Prozesses stellt die grundsätzlichen Bausteine eines Geschäftsprozesses dar, wie sie in einem Qualitätsmanagementsystem beschrieben werden. Die grundsätzlichen Bausteine entsprechen dem PDCA-Modell (Plan-Do-Check-Act) für Prozesse.

Die Anforderungen der DIN EN ISO 9001 enthalten die konkreten Anforderungen an ein QM-System. Diese Anforderungen („Was ist zu tun?") sind konkret beschrieben, ohne den jeweiligen Unternehmen die individuelle Umsetzung („Wie kann es getan werden?") vorzugeben. Damit hat das Unternehmen viele Freiheitsgrade in der individuellen Umsetzung der Anforderungen der DIN EN ISO 9001:2015 bzw. der Anregungen aus der DIN EN ISO 9004:2009.

3.2.2   Die Grundsätze des Qualitätsmanagements

Die **Grundsätze des Qualitätsmanagements** bestimmen die Ausrichtung beim Aufbau und der Weiterentwicklung eines QM-Systems. Insgesamt sind sieben Grundsätze des Qualitätsmanagements formuliert:

Bild 3.3: Die Grundsätze des Qualitätsmanagements

Kundenorientierung

Kundenorientierung bedeutet für das Unternehmen, die gegenwärtigen und zukünftigen Anforderungen und Erwartungen der Kunden zu ermitteln und zu verstehen. Aufgabe des Unternehmens ist es, diese Kundenanforderungen entsprechend zu berücksichtigen und zu erfüllen oder besser noch, die Erwartungen der Kunden möglichst zu übertreffen (siehe auch KANO-Modell).

Führung

Führung bedeutet, dass Führungskräfte eine Übereinstimmung zwischen dem Zweck und der Ausrichtung des Unternehmens schaffen sollten. Ermöglicht wird dies durch ein kommunikatives und motivierendes internes Umfeld, in dem sich die Mitarbeiter voll und ganz für die Erreichung der geplanten Qualitätsziele einsetzen können.

Engagement von Personen

Der Aufbau und die Aufrechterhaltung des QM-Systems erfordern kompetente und engagierte Personen auf allen Ebenen der Organisation. Dies umfasst auch die Einbeziehung dieser Personen in die Gestaltung und Verbesserung des gesamten QM-Systems.

Prozessorientierter Ansatz

Zusammengehörige Tätigkeiten und benötigte Mittel sollten als Prozesse verstanden werden, um das erwünschte Ergebnis effizienter zu erreichen. Schnittstellen zwischen Prozessen und Schnittstellen zu den Interessenpartnern des Unternehmens sollten geklärt und ständig optimiert werden. Die Leistung der Prozesse sollte ermittelt und gesteigert werden.

Systemorientierter Managementansatz

Ein systemorientierter Managementansatz unterstützt das Erkennen, Verstehen, Leiten und Lenken von miteinander in Wechselbeziehung stehenden Prozessen. Das Unternehmen zeigt sich als Netzwerk von einander abhängigen Prozessen. Dabei gilt der Grundsatz: „Das System ist mehr als die Summe seiner Teile".

Verbesserung

Verbesserung der Arbeitsabläufe, der Arbeitsergebnisse und der Kundenzufriedenheit sollte ein fortlaufend verfolgtes Ziel des Unternehmens sein. Verbesserungsmaßnahmen sollten entsprechend gefördert und unterstützt werden. Nur durch eine Verbesserung erhält sich das Unternehmen die Chance, auch zukünftig wettbewerbsfähig zu bleiben.

Faktengestützte Entscheidungsfindung

Relevante Entscheidungen im Unternehmen sollten auf der Basis von erfassten und analysierten Daten und Informationen getroffen werden.

Beziehungsmanagement

Unternehmen stehen in permanenten Interaktionen zu relevanten interessierten Parteien (Kunden, Mitarbeiter, Lieferanten, Gesetzgeber, Gesellschaft) und sollten deshalb diese Beziehungen auch in besonderer Weise pflegen und weiterentwickeln.

3.2.3　Das Prozessmodell der DIN EN ISO 9001

Das Prozessmodell der DIN EN ISO 9001 beschreibt für ein Qualitätsmanagementsystem die benötigten Eingaben, wichtige Aufgaben und deren Wechselwirkungen auf der Grundlage eines PDCA-Regelkreises und die Ergebnisse eines QM-Systems.

Eingaben des QM-Systems
Als Eingaben für das Prozessmodell gelten die Organisation und der Kontext des Unternehmens, die Anforderungen der Kunden und die Erfordernisse und Erwartungen der interessierten Parteien.

Das QM-System als Regelkreis
Zentrales Element dieses Regelkreises sind die Anforderungen und Aufgaben der „Führung". Das Prozessmodell definiert als qualitätsrelevante Aufgaben eines Unternehmens den Regelkreis „Planung → Unterstützung & Betrieb → Bewertung der Leistung → Verbesserung".

Ergebnisse des QM-Systems
Als Ergebnisse gelten die Kundenzufriedenheit, sonstige Ergebnisse des QM-Systems und Produkte und Dienstleistungen für die Kunden.

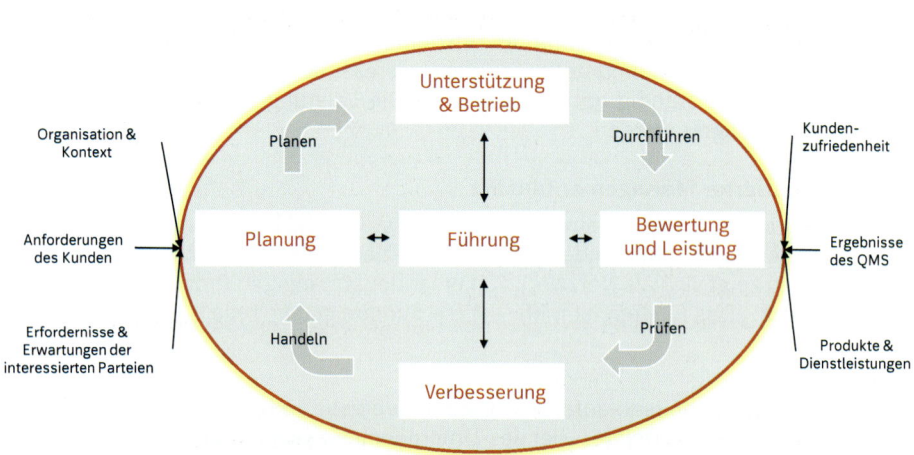

Bild 3.4: Prozessmodell der DIN EN ISO 9001 zum Qualitätsmanagementsystem

In ähnlicher Weise wie der Regelkreis für das gesamte QM-System ist in der Norm auch ein Regelkreis für einen Einzelprozess beschrieben. Auch hier gilt das PDCA-Modell (Plan-Do-Check-Act).

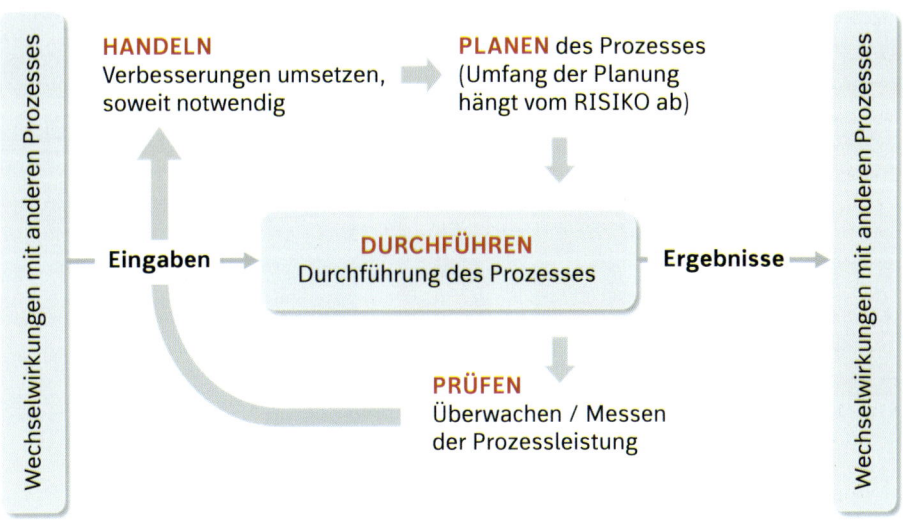

Bild 3.5: Modell eines Einzelprozesses

3.2.4   Anforderungen der DIN EN ISO 9001

Die Gliederung der gesamten DIN EN ISO 9001:2015 umfasst insgesamt zehn Kapitel und neun Anhänge:

1) Anwendungsbereich
2) Normative Verweisungen
3) Begriffe
4) Kontext der Organisation
5) Führung

6) Planung
7) Unterstützung
8) Betrieb
9) Bewertung der Leistung
10) Verbesserung

Anhang A 1: Struktur und Terminologie
Anhang A 2: Produkte und Dienstleistungen
Anhang A 3: Verstehen der Erfordernisse und Erwartungen interessierter Parteien
Anhang A 4: Risikobasiertes Denken
Anhang A 6: Dokumentierte Informationen
Anhang A 7: Wissen der Organisation
Anhang A 8: Steuerung von extern bereitgestellten Prozessen, Produkten und Dienst-
            leistungen
Anhang B: Andere Internationale Normen von ISO/TC 176 zu QM und QMS

Bild 3.6: Gliederung der Kapitel 4–10 der DIN EN ISO 9001:2015

In Auszügen soll auf die Anforderungen in den zehn Normkapitel eingegangen werden, um den Aufbau und den Zweck eines Qualitätsmanagementsystems gemäß der Norm zu verstehen.

Anwendungsbereich (DIN EN ISO 9001, Kap. 1)

Die Norm findet Anwendung, wenn Unternehmen ihre Fähigkeit zur ständigen Bereitstellung von Produkten, zur Erfüllung von kunden- und behördlichen Anforderungen darzulegen haben. In der Regel erfolgt dieser Nachweis durch eine Zertifizierung des QM-Systems.

Die in der Norm festgelegten Anforderungen sind von allgemeiner Natur und auf alle Organisationen anwendbar, da diese Anforderungen nur das „Was ist zu tun?" und nicht das „Wie kann es getan werden?" festlegen.

Normative Verweise (DIN EN ISO 9001, Kap. 2)

Hier wird auf die DIN EN ISO 9000:2015, Begriffe und Terminologie, als zitierte Norm verwiesen.

Begriffe (DIN EN ISO 9001, Kap. 3)

Hier wird auf die DIN EN ISO 9000:2015, Begriffe und Terminologie, mit den geltenden Begriffen verwiesen.

Kontext der Organisation (DIN EN ISO 9001, Kap. 4)

In diesem Kapitel ist festgelegt, dass der Kontext der Organisation definiert werden muss. Hierzu sind von der Organisation externe und interne Themen zu bestimmen, die eine strategische und operative Bedeutung haben (z. B. Märkte, Kunden, Wettbewerber, Gesetzgebung, Branchen-Codizes, Kernkompetenzen, Unternehmenskultur etc.). Der Kontext der Organisation muss von der Organisation überwacht und überprüft werden.

Der Anwendungsbereich des Qualitätsmanagementsystems muss definiert werden und das Qualitätsmanagementsystem mit seinen zugehörigen Prozessen muss festgelegt werden.

Führung (DIN EN ISO 9001, Kap. 5)

In diesem Kapitel sind die Verpflichtungen der sogenannten „obersten Leitung" in einem Qualitätsmanagementsystem festgelegt. Hierzu gehören beispielsweise:

- Festlegung der Qualitätspolitik und der Qualitätsziele
- Sicherstellung einer Kundenorientierung
- Berücksichtigung der Einhaltung gesetzlicher und behördlicher Anforderungen
- Anwendung eines prozessorientierten Ansatzes und eines risikobasierten Denkens beim Aufbau des QMS
- Sicherstellung, dass die benötigten Ressourcen zur Verfügung stehen
- Personen einsetzen und unterstützen, damit die Wirksamkeit des QMS sichergestellt ist
- Fördern von Verbesserungen
- Bedeutung der Wichtigkeit des QMS vermitteln

Planung (DIN EN ISO 9001, Kap. 6)

In diesem Kapitel geht es um Maßnahmen zum Umgang mit Risiken und Chancen, um Qualitätsziele und deren Erreichung und um die Planung von beabsichtigten Änderungen am Qualitätsmanagementsystem. Die notwendige Beschreibung der Qualitätsziele ist sehr konkret festgelegt:

- Was sind die Ziele?
- Wer ist für die Umsetzung verantwortlich?
- Bis wann soll die Umsetzung erfolgt sein?
- Wie werden die Ziele bewertet?

Unterstützung (DIN EN ISO 9001, Kap. 7)

Dieses Kapitel behandelt die erforderlichen Unterstützungen für ein Qualitätsmanagementsystem. Hierzu gehören Ressourcen, Fähigkeiten der Mitarbeiter sowie die Interaktionen in einem System wie:

- Messmittel
- Wissen der Organisation
- Kompetenz der Mitarbeiter
- Bewusstsein der Mitarbeiter
- Interne und externe Kommunikation
- Dokumentierte Informationen

31

Betrieb (DIN EN ISO 9001, Kap. 8)

In diesem Kapitel werden die Anforderungen an die Wertschöpfungsprozesse in einem Qualitätsmanagementsystem beschrieben. Folgende Prozesse und Anforderungen sind formuliert und müssen geplant und gesteuert werden:

- Vertrieb: Ermittlung und Überprüfung von Anforderungen an Produkte und Dienstleistungen
- Entwicklung: Planung der Entwicklungsphasen, Definition der Entwicklungseingaben und Steuerungsmaßnahmen, Planung der Entwicklungsergebnisse, Umgang mit Entwicklungsänderungen
- Beschaffung: Auswahl und Beurteilung von Lieferanten, Festlegung des Bestellprozesses
- Produktion: Steuerung der Produktion, Kennzeichnung und Rückverfolgbarkeit von eigenen Produkten und Eigentum des Kunden, Lagerung und Tätigkeiten nach der Auslieferung, Freigabe von Produkten und Dienstleistungen, Umgang mit nichtkonformen Arbeitsergebnissen

Bewertung der Leistung (DIN EN ISO 9001, Kap. 9)

In diesem Kapitel sind Anforderungen aufgeführt, die die Überwachung, Messung, Analyse und Bewertung betreffen. Ein Aspekt hierzu ist die Zufriedenheit der Kunden und die Leistung der eigenen Geschäftsprozesse. Mit der Durchführung von internen Audits und der Durchführung von Managementbewertungen durch die oberste Leitung sind konkret zwei Instrumente gefordert, um systematische Analysen und Beurteilungen durchzuführen.

Verbesserung (DIN EN ISO 9001, Kap. 10)

Dieses Kapitel enthält die Anforderungen für die Verbesserung von Produkten und Dienstleistungen. Außerdem sind Anforderungen formuliert, um mit Nichtkonformitäten (Fehlern) umzugehen und notwendige Korrekturmaßnahmen festzulegen und umzusetzen. Die Eignung und Wirksamkeit des Qualitätsmanagementsystems sollte fortlaufend verbessert werden.

3.3   Dokumentation eines Qualitätsmanagementsystems

Damit ein Qualitätsmanagementsystem effektiv und effizient arbeiten kann, bedarf es einer angemessenen Transparenz der Regelungen für alle Beteiligten und Betroffenen der Organisation. Diese Transparenz wird durch eine Dokumentation des Qualitätsmanagementsystems erreicht.

Grundsätzliche und wichtige Informationen zum QM-System werden im **Qualitätsmanagementhandbuch** (QM-Handbuch), Detailinformationen in Verfahrensanweisungen, Arbeitsanweisungen, Prüfanweisungen etc. geregelt. Die Struktur der im Unternehmen eingeführten und benutzten schriftlichen Regelungen wird in einer **Dokumentationspyramide** dargestellt.

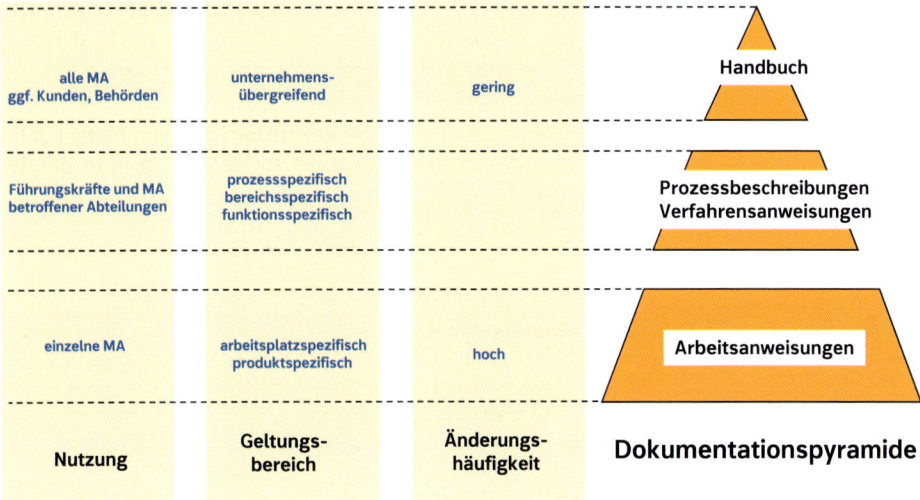

Bild 3.7: Dokumentationspyramide eines Qualitätsmanagementsystems

Die **Qualitätspolitik** beschreibt die Absichten und die Verpflichtung des Unternehmens zur Qualität seiner Arbeit und seiner Produkte. Die Q-Politik wird von der Unternehmensführung formuliert und den Führungskräften und Mitarbeitern bekannt gegeben. Durch eine regelmäßige Überprüfung der Q-Politik wird ihre Aktualität und Richtigkeit bestätigt oder ggf. entsprechend den Bedürfnissen des Unternehmens oder seiner Interessenpartner geändert.

Als **Interessenpartner** eines Unternehmens gelten:

- die Kunden des Unternehmens
- die Mitarbeiter des Unternehmens
- die Eigentümer des Unternehmens
- die Lieferanten des Unternehmens
- die Gesellschaft, in der sich das Unternehmen befindet.

Qualitätsziele berücksichtigen eine „zunehmende Zufriedenheit dieser Interessenpartner" des Unternehmens sowie „kontinuierliche Qualitätsverbesserung" (Continuous Improvement). Die Qualitätsziele werden wie die Q-Politik von der Unternehmensführung vorgegeben. Durch Detaillierung der Q-Ziele auf die Bereiche, Abteilungen und Teams entsteht ein Zielsystem, das von der Erreichung der jeweiligen Ziele verfolgt wird. Qualitätsziele sollten immer messbar sein, um eine Verfolgung und Beurteilung zu ermöglichen.

QM-Verfahrensanweisungen (QMV) beschreiben das Zusammenspiel von Tätigkeiten, beispielsweise eine Anleitung zur Erstellung von Prüfplänen oder die Vorgehensweise bei der Beschaffung von Material und Teilen. Diese Verfahrensanweisungen spezifizieren die Art der Durchführung von Aufgaben und die hierbei anzuwendenden Mittel und Formulare. Die beschriebenen Verfahrensschritte sind in der vorgegebenen Reihenfolge von den zuständigen Personen einzuhalten. Da in QM-Verfahrensanweisungen viel Know-how des Unternehmens beschrieben ist, sollten diese dokumentierten Regelungen daher Dritten nicht ohne Weiteres zugänglich gemacht werden.

Die Struktur von Verfahrensanweisungen

Zum leichteren Verständnis der Inhalte werden QM-Verfahrensanweisungen (QMV) meist in einer im Unternehmen standardisierten Struktur verfasst. Folgende Gliederungspunkte finden sich dabei wieder:

1. Zweck der QMV
2. Geltungsbereich der QMV
3. Begriffe und Definitionen
4. Zuständigkeiten, Verantwortlichkeiten
5. Abläufe und Regelungen
6. Hinweise und Bemerkungen
7. Mitgeltende Dokumente
8. Änderungsdienst für die QMV
9. Verteiler der QMV
10. Anlagen zur QMV

Arbeitsanweisungen sind meist arbeitsplatz- bzw. produktbezogene Dokumente. Detaillierte Anweisungen klären für die Mitarbeiter die konkreten Arbeitsschritte an ihrem Arbeitsplatz.

Prüfanweisungen sind ebenfalls meist arbeitsplatz- bzw. produktbezogene Dokumente. Da heute der Mitarbeiter nicht nur seine Arbeit durchführt, sondern diese auch gleichzeitig kontrolliert bzw. prüft, gehören Arbeitsanweisungen und Prüfanweisungen zusammen. Oftmals sind Prüftätigkeiten in die Arbeitsanweisung integriert.

4   Total Quality Management (TQM)

Total Quality Management kann übersetzt werden als „ganzheitliches, umfassendes Qualitätsmanagement". Zu den relevanten Prinzipien der TQM-Philosophie zählen:

● Qualität orientiert sich an allen Interessenpartnern des Unternehmens.
  (Kunden, Lieferanten, Mitarbeiter, Eigentümer, Gesellschaft)

● Qualität wird mit Mitarbeitern aller Bereiche und Ebenen erzielt.
  (Eigenverantwortlichkeit für Qualität durch jeden Mitarbeiter, z. B. Werkerselbst-kontrolle)

● Qualität umfasst mehrere Dimensionen, die durch Kriterien operationalisiert werden müssen. (Produktqualität, Prozessqualität, Servicequalität etc.)

● Qualität ist kein Ziel, sondern ein Prozess, der nie zu Ende geht.
  (Continuous Improvememt)

● Qualität bezieht sich nicht nur auf Produkte, sondern auch auf Dienstleistungen.
  (technische Prozesse und administrative Prozesse)

● Qualität setzt aktives Handeln voraus und muss erarbeitet werden.
  (Agieren statt reagieren)

Heute werden Aspekte des Total Quality Managements wohl am besten mit dem Modell der EFQM (European Foundation for Quality Management) beschrieben.

4.1   European Foundation for Quality Management (EFQM)

Gegründet wurde die EFQM im Jahr 1988 von 14 europäischen Unternehmen als „non-for-profit membership organization" mit folgender Aufgabenstellung:

● Treibende Kraft für nachhaltiges **Business Excellence** in Europa zu sein

● Durchführung von Veranstaltungen und Aktivitäten zu TQM

Seit 1992 vergibt die EFQM den **European Quality Award** (EQA) an Unternehmen, die nachweislich hervorragende Spitzenleistungen erbringen.

4.2   Das Modell der EFQM

Die grundlegenden Konzepte des EFQM-Modells wollen:
● Nutzen für Kunden schaffen
● Die Zukunft nachhaltig gestalten
● Die Fähigkeiten der Organisation entwickeln
● Kreativität und Innovation fördern
● Mit Vision, Inspiration und Integrität führen
● Veränderungen aktiv managen
● Durch Mitarbeiterinnen und Mitarbeiter erfolgreich sein
● Dauerhaft herausragende Ergebnisse erzielen

Das EFQM-Modell hat dabei folgende Zielsetzungen:

- Es bietet ein Bewertungsmodell für unternehmerische Spitzenleistungen – Business Excellence.
- Es kann branchenunabhängig benutzt werden.
- Es kann unabhängig von der Unternehmensgröße eingesetzt werden.
- Es hat eine offene Struktur.
- Es berücksichtigt die Tatsache, dass es viele Vorgehensweisen in Unternehmen gibt, um Spitzenleistungen zu erreichen.
- Es berücksichtigt die kausalen Zusammenhänge zwischen Aktion (Befähiger-Kriterien) und Wirkung (Ergebnis-Kriterien).
- Es beruht auf grundlegenden Konzepten des „umfassenden Qualitätsmanagements".

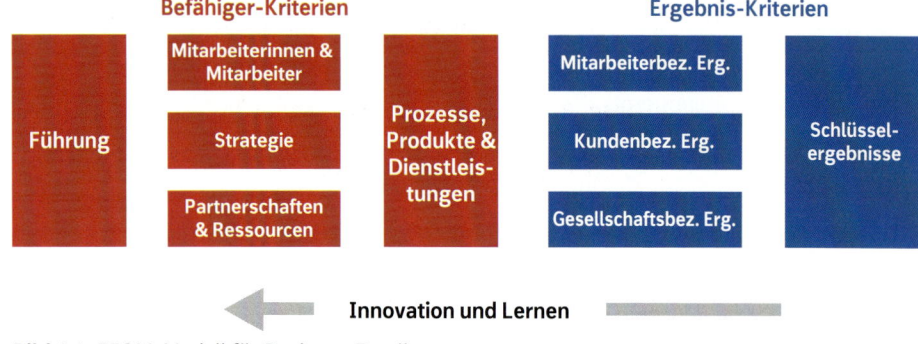

Bild 4.1: EFQM-Modell für Business Excellence

4.3   Die Kriterien des Modells

Das Modell berücksichtigt sogenannte Befähiger- und Ergebnis-Kriterien.

Die **Befähiger-Kriterien** befassen sich damit, „**WIE**" die Organisation vorgeht.
Die **Ergebnis-Kriterien** beziehen sich darauf, „**WAS**" die Organisation erreicht hat und noch erreichen wird.

Da es sich um ein Bewertungsmodell für die unternehmerischen Leistungen handelt, sind die Führungskräfte aufgefordert, die vorhandenen und durchgeführten Aktivitäten, Maßnahmen und Regelungen im Unternehmen zu ermitteln und zu bewerten.

Die Bedeutung der Kriterien bei der durchzuführenden Bewertung ist unterschiedlich und zeigt deutlich die Schwerpunkte, die ein „exzellentes Unternehmen" haben sollte. So zeigt sich „Business Excellence" in den kundenbezogenen Ergebnissen, in den Ergebnissen zu Schlüsselleistungen sowie in der Vorgehensweise bei Prozessen.

Befähigerkriterium „Führung":

Analyse der Maßnahmen der Führungskräfte, um die Mission, die Vision und die Werte des Unternehmens zu erarbeiten, einzuführen und deren Umsetzung zu unterstützen. Weitere Aspekte dieses Kriteriums sind das Bemühen der Führungskräfte um Kunden, Partner und Vertreter der Gesellschaft sowie die Unterstützung und Motivation der eigenen Mitarbeiter.

Befähigerkriterium „Strategie":

Analyse wie die Politik und Strategie des Unternehmens auf der Basis von Leistungsmessungen und Marktforschungen gründen und wie die gegenwärtigen und zukünftigen Bedürfnisse von Kunden einfließen. Außerdem soll geklärt werden, wie die Unternehmensstrategie umgesetzt und deren Realisierung überprüft wird.

Befähigerkriterium „Mitarbeiterinnen & Mitarbeiter":

Analyse wie Mitarbeiterressourcen geplant und gemanagt werden. Wie die Qualifikation und Fähigkeiten der Mitarbeiter verbessert werden und wie im Unternehmen zwischen Führungskräften und Mitarbeiter kommuniziert wird.

Befähigerkriterium „Ressourcen und Partnerschaften":

Analyse wie Finanzen, Gebäude, Einrichtungen, Technologien, Informationen, Wissen und Herstellungsmaterialien gemanagt werden.

Befähigerkriterium „Prozesse, Produkte & Dienstleistungen":

Analyse wie Prozesse gestaltet, eingeführt und verbessert werden. Die Ausrichtung der Prozesse auf die Kundenbedürfnisse wird besonders betrachtet und bewertet.

Ergebniskriterium „mitarbeiterbezogene Ergebnisse":

Nachweise, die die Wahrnehmung und Zufriedenheit der Mitarbeiter des Unternehmens darstellen. Dazu gehören auch Messergebnisse, die das Unternehmen intern erfasst, um die Leistung der Mitarbeiter zu überwachen und zu verbessern (z. B. Teamarbeit, Verbesserungsvorschläge etc.)

Ergebniskriterium „kundenbezogene Ergebnisse":

Nachweise darüber, welche Wahrnehmung Kunden vom Unternehmen, seinen Produkten und Prozessen haben. Dazu gehören auch Messergebnisse, die das Unternehmen intern verwendet, um die Leistungsfähigkeit zu überwachen, zu verstehen und zu verbessern (z.B. Reklamationen, Termintreue, Kundenzufriedenheit etc.).

Ergebniskriterium „gesellschaftsbezogene Ergebnisse":

Nachweise darüber, welche Wahrnehmung die Gesellschaft vom Unternehmen hat. Dazu gehören auch Messergebnisse, die das Unternehmen intern erfasst (z.B. Engagement in der Gemeinde, Zusammenarbeit mit Schulen, karitative Aktivitäten etc.).

Ergebniskriterium „Schlüsselergebnisse":

Nachweise darüber, welche Schlüsselergebnisse das Unternehmen geplant und realisiert hat. Dazu gehören auch operationelle Ergebnisse, um die Leistungen zu überwachen, zu verstehen, vorherzusagen und zu verbessern (z.B. Umsatz, Ertrag, Wachstum, Neuprodukte, Patente etc.).

4.4   Bewertungen im EFQM-Modell

Die Befähiger-Kriterien werden bewertet bezüglich des Vorgehens (fundiert, integriert) im Unternehmen, der Umsetzung (eingeführt, systematisch) der Maßnahmen und Programme und der Überprüfung (Messung, Lernen, Verbesserung) der Wirksamkeit.

Die Ergebniskriterien werden bewertet bezüglich der Zielsetzung, der vorliegenden Trends, der Vergleichbarkeit mit anderen Unternehmen, dem Erkennen von Ursachen für diese erbrachten Ergebnisse und dem Umfang der vorhandenen Daten und Information.

Die maximal erreichbare Gesamtpunktzahl bei der Bewertung sind 1000 Punkte. Unternehmen, die beispielsweise die Anforderungen der ISO 9000 erfüllen, erreichen mit dem Modell ca. 300 Punkte, die besten Unternehmen in Europa, die mit dem European Quality Award ausgezeichnet werden, erreichen etwa 600-700 Punkte.

Es lässt sich erkennen, dass die Messlatte für hervorragende Unternehmensleistungen im Bewertungsmodell der EFQM sehr hoch liegt.

5 Werkzeuge des Qualitätsmanagements

Die Beseitigung von Problemursachen führt ausnahmslos zu gesteigerter Produktivität, daraus ergibt sich eine ständige Qualitätsverbesserung. Um täglich Arbeitsverfahren, Systeme, Qualität, Kosten und Ertragsergebnisse am Arbeitsplatz zu verbessern, müssen geeignete Werkzeuge (Analysemethoden, Dokumentationsmethoden) beherrscht werden. Ein weiterer Vorteil bei Anwendung dieser Werkzeuge ist die Einbeziehung des einzelnen Mitarbeiters in den Verbesserungsprozess (Mitarbeiterorientierung):

- Die Mitarbeiter wollen integriert sein und sind leistungswilliger.
- Für den einzelnen Mitarbeiter ist sein Beitrag zum Betriebserfolg von großer Bedeutung.
- Die Zusammenarbeit zwischen Management und Arbeitskräften mit dem Ziel der Systemverbesserung ist produktiver und erfolgreicher als Einzelaktionen (Teamfähigkeit fördern).
- Der für eine Aufgabe verantwortliche Mitarbeiter ist fachlich kompetent.
- Es werden unerkannte Talente entdeckt, die gefördert werden müssen.

Um die Werkzeuge anwenden zu können, müssen die Teammitglieder diese beherrschen, die Mitarbeiter müssen teamfähig sein, Teamsitzungen müssen moderiert werden.

Zu den wichtigsten Werkzeugen gehören:

- Problemlösungsprozess   (siehe Kapitel 5.1)
- Methoden der Datenerfassung und -analyse   (siehe Kapitel 5.2)
- Statistische Prozessregelung, SPC   (siehe Kapitel 5.5)
- Fehlermöglichkeits- und Einflussanalyse, FMEA   (siehe Kapitel 5.4)
- Quality Function Deployment, QFD   (siehe Kapitel 5.3)

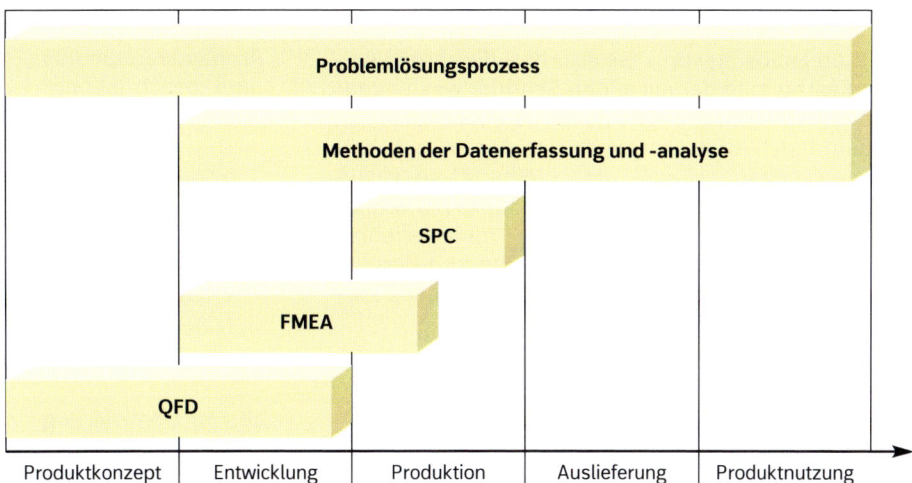

Bild 5.1: Einsatz der Werkzeuge des Qualitätsmanagements.

39

5.1 Problemlösungsprozess

Entscheidend für eine erfolgreiche Problemlösung ist ein standardisiertes Vorgehen bei der Bearbeitung von Problemen. In der betrieblichen Praxis hat sich deswegen eine Vorgehensweise etabliert, welche in der Regel in fünf Schritten, von der Problembeschreibung bis zur umgesetzten Problemlösung, abgearbeitet wird (siehe Kapitel 5.1.1).

Um die letztendlich gefundene und festgelegte Lösung des Problems umzusetzen, differenziert man üblicherweise drei Arten von Maßnahmen:

- **Sofortmaßnahmen,** die den aufgetretenen Schaden begrenzen und eine sofortige Wirkung zeigen sollen. Die Zielsetzung ist hierbei eine schnelle Fehlerbeseitigung.

  Sofortmaßnahmen sind beispielsweise ein Produktionsstop, eine hundertprozentige Überprüfung von Beständen oder ggf. auch ein Produktrückruf.

- **Korrekturmaßnahmen,** die ein Wiederauftreten des erkannten Problems zukünftig verhindern sollen. Die Zielsetzung ist hierbei eine nachhaltige Fehlervermeidung.

  Korrekturmaßnahmen sind beispielsweise ein dauerhafter Austausch von Rohmaterialien, eine konsequente Konstruktionsänderung oder eine verbindliche Änderung von Fertigungsparametern.

- **Vorbeugemaßnahmen,** die das erstmalige Auftreten eines Problems verhindern sollen, beispielsweise an einem anderen Produkt oder einem ähnlichen Arbeitsvorgang. Die Zielsetzung ist hierbei eine vorausschauende Fehlervermeidung.

  Vorbeugemaßnahmen können ähnliche Kennzeichen wie Korrekturmaßnahmen haben, werden allerdings für andere Produkte oder Arbeitsvorgänge als Prävention ausgeführt.

5.1.1 Schritte der Problembearbeitung

Der Problemlösungsprozess erfordert die chronologische Bearbeitung der einzelnen Schritte, was bedeutet, dass kein Schritt weggelassen oder übersprungen werden darf. Würde beispielsweise der erste Schritt (Problemverständnis und -beschreibung) ausgelassen, so ist einfach nachzuvollziehen, dass die Grundlage für die Analyse und Lösung des Problems fehlen würde. Würde der letzte Schritt (Standardisierung) fehlen, so wäre nicht gewährleistet, dass dieses Problem nicht erneut auftreten könnte.

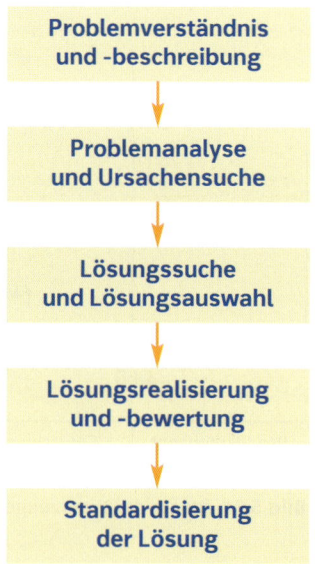

Bild 5.2: Problemlösungsprozess in fünf Schritten

Schritt 1: Problemverständnis und -beschreibung

Dieser Schritt dient dem Erkennen, Verstehen und Beschreiben des Problems. Hierzu ist es notwendig, alle vorhandenen Informationen, Daten und Fakten zu sammeln und diese sinnvoll zu strukturieren. Der aktuelle und bekannte Istzustand wird genauso formuliert wie der zukünftig angestrebte Sollzustand (z. B. aktuelle Nacharbeitsquote = 5 %, zukünftig angestrebte Nacharbeitsquote = 0,5 %).

Folgende Fragestellungen sind für ein ausreichendes Problemverständnis bedeutsam:

- Was ist das Problem? Was ist nicht das Problem?
- Wer ist betroffen von dem Problem? Wer ist nicht betroffen?
- Wann und wo ist das Problem aufgetreten? Wann tritt das Problem nicht auf?
- Wie zeigt sich das Problem? Wie ist es auffällig geworden?
- Warum ist es überhaupt ein Problem? Welche Konsequenzen ergeben sich daraus?
- Welche Zielsetzung soll eine mögliche Problemlösung anstreben?

Eine angemessene Beschreibung eines Problems basiert auf Zahlen, Daten und Fakten und weniger auf Vermutungen und Meinungen. Deshalb ist es für die Problemlösung wichtig, ausreichend Informationen zu sammeln und auszuwerten. Beispiele für Methoden zur Datenerfassung und -analyse sind beispielsweise Strichlisten, Fehlersammelkarten, Verlaufsdiagramme oder Streudiagramme (siehe Kapitel 5.2).

Schritt 1 ist abgeschlossen, wenn das Problem von allen Beteiligten verstanden und ausreichend beschrieben ist. Hierzu gehören unter anderem die vorherrschenden Rahmenbedingungen, die Kenntnis der Konsequenzen aus dem vorhandenen Problem, ausreichende und vertrauenswürdige Informationen sowie die Festlegung der gewünschten Wirkung einer Problemlösung.

Schritt 2: Problemanalyse und Ursachensuche

Im 2. Schritt wird das Problem analysiert, um die Ursachen des Problems zu finden. Die vorhandenen Daten werden ausgewertet und beurteilt, Einflüsse und mögliche Ursachen gesucht und die entscheidende Ursache ermittelt. Methoden für eine qualitative Ursachensuche sind beispielsweise das Ishikawa-Diagramm oder die Kraftfeld-Analyse. Um mit quantitativen Auswertungen die Ursachen zu bestätigen, können Streudiagramme benutzt werden, um beispielsweise die Korrelationen zwischen Ursachen und Problemwirkung zu erkennen.

Die Ursachensuche erfordert bei den Bearbeitern des Problems eine hohe Fachkompetenz und Erfahrungen im Umfeld des Problems, weshalb die richtige Teamauswahl für diesen Schritt einen bedeutenden Aspekt darstellt.

Der Schritt 2 ist abgeschlossen, wenn die zutreffenden Ursachen nachweislich ermittelt sind.

Schritt 3: Lösungssuche und -auswahl

Der Schritt 3 der Lösungssuche betrifft zunächst das Ermitteln möglicher und alternativer Lösungsansätze. Die Vorgaben für die Lösungssuche sind normalerweise durch den 1. Schritt festgelegt (siehe Zielsetzung für die Problemlösung). Entsprechend dieser Vorgaben sind Lösungsideen zu sammeln und mögliche Lösungsansätze zu skizzieren. Die Umsetzbarkeit, die Wirksamkeit und die Wirtschaftlichkeit dieser Lösungsansätze sind neben anderen unternehmensspezifischen Kriterien ausschlaggebend für die richtige Lösungsauswahl. Ist die Entscheidung für einen bestimmten Lösungsansatz getroffen, sollte dieser Ansatz auch ausformuliert bzw. konkretisiert werden.

Eine Methode für die Lösungssuche stellt beispielsweise das Brainstorming dar. Durchgeführt in einem Kreis von erfahrenen Experten können so in systematischer Weise mögliche Lösungsideen gesammelt und auch die Lösungsauswahl fachkundig bewertet werden.

Schritt 4: Lösungsrealisierung und -bewertung

Im 4. Schritt wird der ausgewählte Lösungsansatz in der Praxis zunächst erprobt und seine Wirksamkeit unter Beweis gestellt. Um die Wirksamkeit der durchgeführten Lösung zu bestätigen, können ebenfalls die Methoden der Datenerfassung und -analyse eingesetzt werden. Ist die gewünschte Wirksamkeit noch nicht erreicht, beginnt der Problemlösungsprozess in der Regel wieder beim 1. Schritt, bis eine zufriedenstellende Lösung gefunden und realisiert wurde. Bei komplexen und vielschichtigen Problemen kann es also erforderlich sein, den Problemlösungsprozess in mehreren Schleifen zu durchlaufen.

Der Schritt 4 ist abgeschlossen, wenn die angestrebte Wirksamkeit der Lösung nachgewiesen ist.

Schritt 5: Standardisierung der Lösung

Zielführende und nachhaltige Lösungen von Problemen erfordern eine Standardisierung der eingeführten Maßnahmen. Dies bedeutet, dass die Maßnahmen als zukünftige Vorgaben festgelegt und entsprechend berücksichtigt werden. Werden Arbeits- oder Prüfanweisungen gemäß den Lösungsmaßnahmen angepasst bzw. geändert, so unterstützen diese einen neuen, verbesserten Standard und gewährleisten, dass die Probleme an gleicher oder anderer Stelle sich nicht wiederholen. Die Standardisierung fördert damit die grundsätzliche Zielsetzung nach „kontinuierlicher Verbesserung" (siehe Kapitel 6) im Qualitätsmanagement.

Der Schritt 5 ist abgeschlossen, wenn die Lösung in der täglichen Arbeit als Standard umgesetzt ist.

5.1.2 Problemlösung mit der 8D-Methode

Die Problembearbeitung erfolgt in der Industrie oft auch mit der sogenannte 8D-Methode (D = Disziplinen = Prozessschritte). Diese Methode entspricht im Prinzip dem vorab beschriebenen Problemlösungsprozess, umfasst aber noch weitere Arbeitsschritte und dient auch als Berichtsform für die Problemlösung. Insbesondere wenn mehrere Bereiche, Kunden oder Lieferanten in die Problemlösung eingebunden werden sollen, bietet das Formblatt der 8D-Methode einen dokumentierten Workflow für die Problembearbeitung.

Die acht Schritte der Methode sind:

Schritt 1	Gehe das Problem im Team an.
Schritt 2	Beschreibe das Problem.
Schritt 3	Veranlasse temporäre Maßnahmen zur Schadensbegrenzung und kontrolliere ihre Wirkung (→ Sofortmaßnahmen).
Schritt 4	Ermittle die Grundursachen und beweise, dass es wirklich die Grundursachen sind.
Schritt 5	Lege Abstellmaßnahmen fest und beweise ihre Wirksamkeit. Suche nach allen möglichen Maßnahmen, durch die die Ursachen beseitigt und das Problem gelöst werden könnte.
Schritt 6	Führe Abstellmaßnahmen ein und kontrolliere ihre Wirkung. Erstelle einen Aktionsplan zur Einführung der gewählten Abstellmaßnahmen und lege gegebenenfalls flankierende Maßnahmen zur Absicherung fest.
Schritt 7	Bestimme Maßnahmen, die ein Wiederauftreten des Problems verhindern (→ Korrekturmaßnahmen).
Schritt 8	Würdige Leistung und Erfolg des Teams

Das zugehörige Formblatt zur 8D-Methode unterstützt diese acht Schritte, indem die Informationen, Festlegungen und Entscheidungen kurz in den dafür vorgesehenen Feldern beschrieben werden. Die jeweiligen Felder des Formblatts sind mit der Nummer des jeweiligen Schrittes gekennzeichnet.

8D-Report		
Beanstandung/Problem:	**Beanstand.-Nr.**	**Eröffnet am:**
Berichtsdatum:	**Teilebezeichnung/Zeichnungsnummer:**	
1 Team, Name, Abt./Teamleiter:	**2 Problembeschreibung, Fehlercharakter:**	
3 Sofortmaßnahme(n):	**% Wirkung:**	**Einführungsdatum:**
4 Fehlerursache(n):	**% Beteiligung:**	

8D-Report		
5 Geplante Abstellmaßnahme(n):	**Wirksamkeitsprüfung:**	
6 Eingeführte Abstellmaßnahme(n):	**Ergebniskontrolle:**	**Einsatztermin:**
7 Fehlerwiederholung verhindern:	**verantwortlich:**	**Einführtermin:**
8 Teamerfolg würdigen:	**Abschlussdatum:**	**Ersteller/Tel.:**

Bild 5.3: Formblatt zur 8D-Methode

5.2   Methoden der Datenerfassung und -analyse

Um mögliche Probleme systematisch und faktenbasiert zu bearbeiten, gibt es spezielle Methoden der Datenerfassung und Datenanalyse.

Methoden der Datenerfassung und -analyse			
Methode	**Datenerfassung**	**Datenanalyse**	**Beschreibung siehe**
Brainstorming	X		Kap. 5.2.1
Flussdiagramm	X		Kap. 5.2.2
Baumdiagramm	X		Kap. 5.2.3
Strichliste	X		Kap. 5.2.4
Ishikawa-Diagramm	X	X	Kap. 5.2.5
Kräftefeld-Analyse	X	X	Kap. 5.2.6
Verlaufsdiagramm	X	X	Kap. 5.2.7
Streudiagramm	X	X	Kap. 5.2.8
Pareto-Diagramm		X	Kap. 5.2.9
Histogramm		X	Kap. 5.2.10
Matrixdiagramm		X	Kap. 5.2.11

Bild 5.4: Übersicht der Methoden der Datenerfassung und -analyse

5.2.1   Brainstorming

Ziel ist die gedankliche Auseinandersetzung mit allen Aspekten eines Problems oder einer Lösung. Brainstorming hilft einer Gruppe, so viele Ideen wie möglich mit dem geringstmöglichen Zeitaufwand zu entwickeln.

Anwendungsformen

Strukturiert: Bei dieser Methode müssen alle Mitglieder einer Gruppe der Reihe nach ihre Gedanken aussprechen. Wer im Augenblick keine Idee hat, pausiert bis zur nächsten Runde. Dieses Vorgehen zwingt auch zurückhaltende und schüchterne Personen zur Teilnahme, kann aber einen gewissen Druck ausüben.

Unstrukturiert: In diesem Fall äußern die Mitglieder der Gruppe ihre Ideen, wie sie ihnen in den Sinn kommen. Vorteilhaft kann sich die eher entspannte Atmosphäre auswirken, es besteht aber auch das Risiko, dass die redseligen Teilnehmer dominieren.

5.2.2   Flussdiagramm

Das Flussdiagramm stellt bildlich den Ablauf aller Arbeitsschritte eines Prozesses dar. Im Flussdiagramm werden Symbole verwendet, wie sie in der DIN 66001 genormt sind.

Erstellen eines Flussdiagramms

1. Beschreiben Sie die tatsächlichen Prozessschritte im Flussdiagramm.

2. Erstellen Sie ein Flussdiagramm, das den Ablauf für einwandfreies Funktionieren beschreibt.

3. Vergleichen Sie beide Flussdiagramme miteinander; dort, wo die Abläufe differieren, liegen die Problempunkte.

Beispiel für ein Flussdiagramm: „Durchführung von Audits"

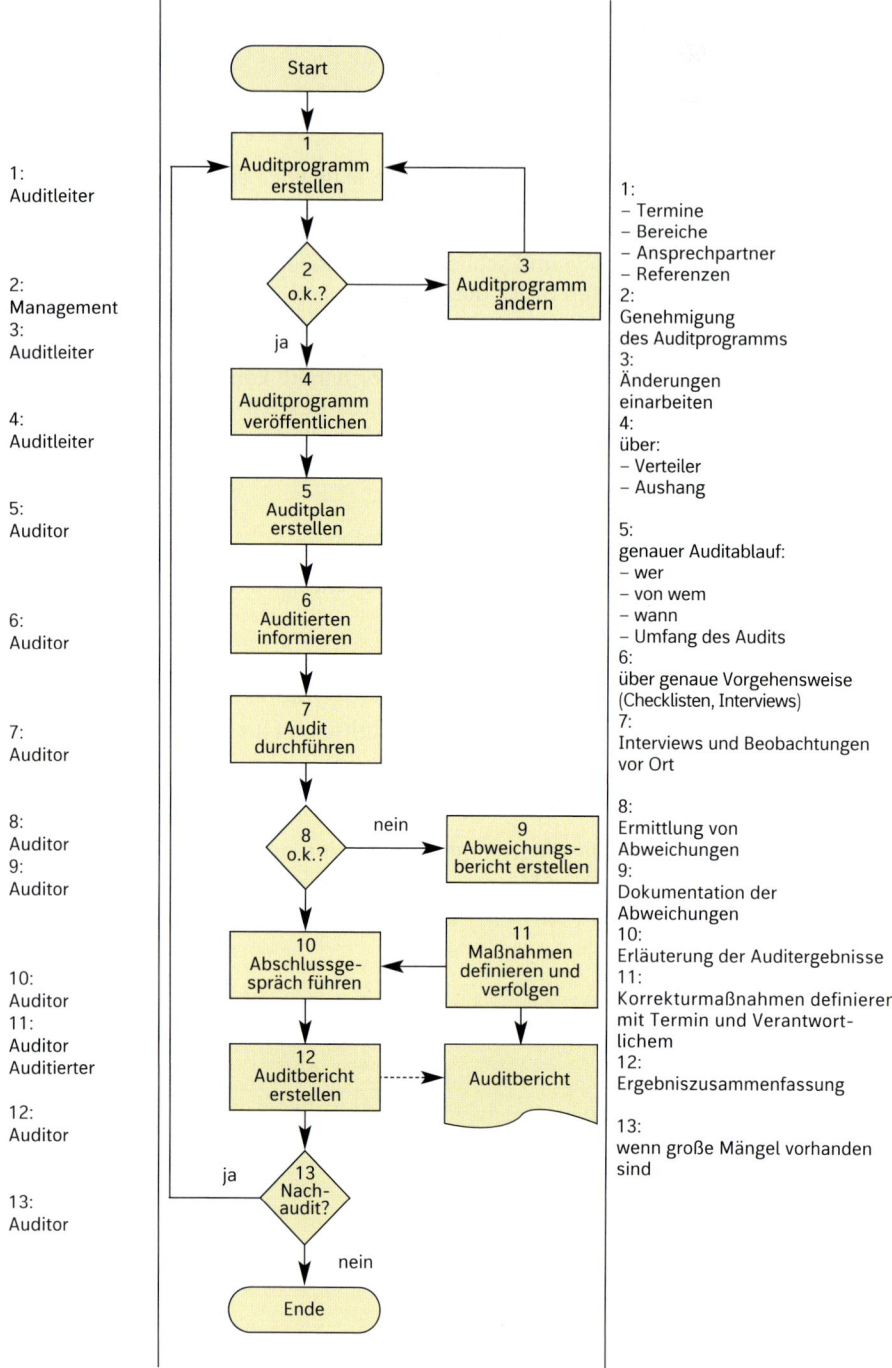

Bild 5.5: Flussdiagramm zur Auditdurchführung

5.2.3   Baumdiagramm

Das Baumdiagramm dient zur genauen Darstellung aller Aufgaben bzw. Funktionen, die nacheinander bewältigt werden müssen bzw. die in einer Abhängigkeit von einander stehen, um gestellte Ziele zu erreichen.

Beispiel: Baumdiagramm zur Auswahl von Fahrzeugkomponenten

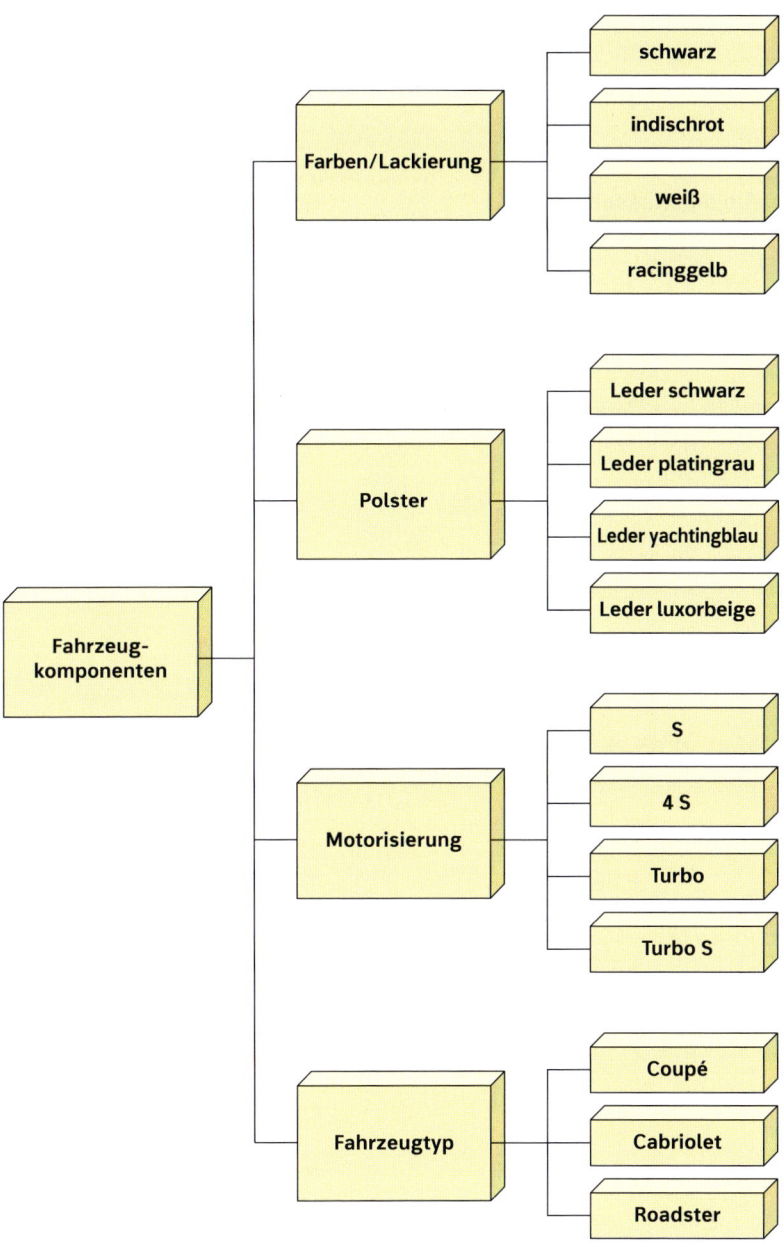

Bild 5.6: Baumdiagramm

5.2.4   Strichliste

Erstellen einer Strichliste

1. Zählen Sie die Anzahl der Messwerte.

2. Bestimmen Sie den Bereich **R (= Spannweite)** für die gesamte Stichprobe:

$R = x_{max} - x_{min}$

Dabei ist x_{max} der größte und x_{min} der kleinste Wert der Stichprobe.

3. Berechnen Sie die Anzahl der **Klassen k:**

$k \cong \sqrt{n}$

4. Errechnen Sie die **Klassenweite w:**

$w \cong \dfrac{R}{k}$

5. Ermitteln Sie die Klassengrenzen durch erneutes Addieren von jeweils der Klassenweite w wie folgt:

Klasse 1: x_{min} bis $x_{min} + w$
Klasse 2: $x_{min} + w$ bis $x_{min} + 2 \cdot w$
.
.
.

usw.

6. Ordnen Sie nun die Messwerte in die richtigen Klassen ein.

Beispiel: **Strichliste zum *Leitbeispiel 1 „Drehteil"*** (Kapitel 5.5)
Berechnung der Werte (siehe Messprotokoll Drehteil):

$n = 125$	n	gesamte Anzahl Messwerte
$R = x_{max} - x_{min} = 11{,}541 \text{ mm} - 11{,}476 \text{ mm}$ $= 0{,}065 \text{ mm}$	n_j	einzelner Messwert
$k = \sqrt{n} = \sqrt{125} \cong 11$	R	Spannweite
$w = \dfrac{R}{k} = \dfrac{0{,}065 \text{ mm}}{11} = 0{,}0059 \text{ mm}$ $\cong 0{,}006 \text{ mm}$	x_{max}	größter Messwert
	x_{min}	kleinster Messwert
	k	Anzahl der Klassen
	w	Klassenweite

Klassengrenze in mm		Strichliste								n_j
untere (≥)	obere (<)									
11,536	11,542	|||								3
11,530	11,536	||								2
11,524	11,530	||||| |								6
11,518	11,524	||||| ||||| |								11
11,512	11,518	||||| ||||| ||||| ||||| ||||| ||||| |||								33
11,506	11,512	||||| ||||| ||||| ||||| ||||| ||||| |								31
11,500	11,506	||||| ||||| |||								13
11,494	11,500	||||| |||||								10
11,488	11,494	||||| |||								8
11,482	11,488	||								2
11,476	11,482	||||| ||								6
								Σ	n_j	125
										= n

Bild 5.7: Strichliste „Durchmesser des Drehteils" (125 Messwerte)

Beispiel: **Strichliste zum *Leitbeispiel 2 „Elektrischer Widerstand"*** (Kapitel 5.5)
Berechnung der Werte (siehe Messprotokoll elektrischer Widerstand):

n = 50	n	gesamte Anzahl Messwerte
$R = x_{max} - x_{min} = 272\ \Omega - 263\ \Omega = 9\ \Omega$	n_j	einzelner Messwert
$k = \sqrt{n} = \sqrt{50} \cong 7$	R	Spannweite
$w = \dfrac{R}{k} = \dfrac{9\ \Omega}{7} = 1{,}29\ \Omega \cong 1{,}0\ \Omega$	x_{max}	größter Messwert
	x_{min}	kleinster Messwert
	k	Anzahl der Klassen
	w	Klassenweite

Klassengrenze in mm		Strichliste				n_j
untere (≥)	obere (<)					
273	274					
272	273	|				1
271	272	|				1
270	271	|||				3
269	270	||||| ||||| ||				12
268	269	||||| |||||				10
267	268	||||| ||				7
266	267	||||| |||||				10
265	266	|||				3
264	265	||				2
263	264	|				1
262	263					
				Σ	n_j	50
						= n

Bild 5.8: Strichliste „Elektrischer Widerstand" (50 Messwerte)

49

5.2.5 Ishikawa-Diagramm

Das Ishikawa-Diagramm wird auch **Ursache-Wirkungs-Diagramm** bzw. Fischgräten-Diagramm genannt. Es wird benutzt, um mögliche Einflüsse (Ursachen) auf ein vorhandenes und zu bearbeitendes Kriterium (Wirkung) zu ermitteln und darzustellen. Als grundsätzliche Einflüsse sind meist die 7M-Störgrößen „Mensch, Management, Maschine, Methode, Material, Messbarkeit und Mitwelt" vordefiniert. Unter diesen Oberbegriffen werden die detaillierteren Einflüsse ermittelt und in das Diagramm eingetragen. Das Ishikawa-Diagramm ist eine gute Möglichkeit, sich einen Gesamtüberblick über die auf das Kriterium wirkenden Einflüsse zu verschaffen.

Erstellen eines Ursache-Wirkungs-Diagramms

1. Beschreiben Sie detailliert das zu bearbeitende Kriterium (*Beispiel:* Streuung von Merkmalswerten).

2. Finden Sie die Einflüsse (Ursachen) für das Kriterium mittels Brainstorming oder anhand von Strichlisten heraus.

3. Erstellen Sie das Diagramm wie folgt:

a) Geben Sie das Kriterium auf der rechten Seite (Wirkung) an.

b) Schreiben Sie die ermittelten Einflüsse unter die jeweilig vordefinierten Oberbegriffe (7M) auf der linken Seite (Ursachen).

Beispiel: **Einflüsse (Ursachen) für die Streuung von Merkmalswerten**

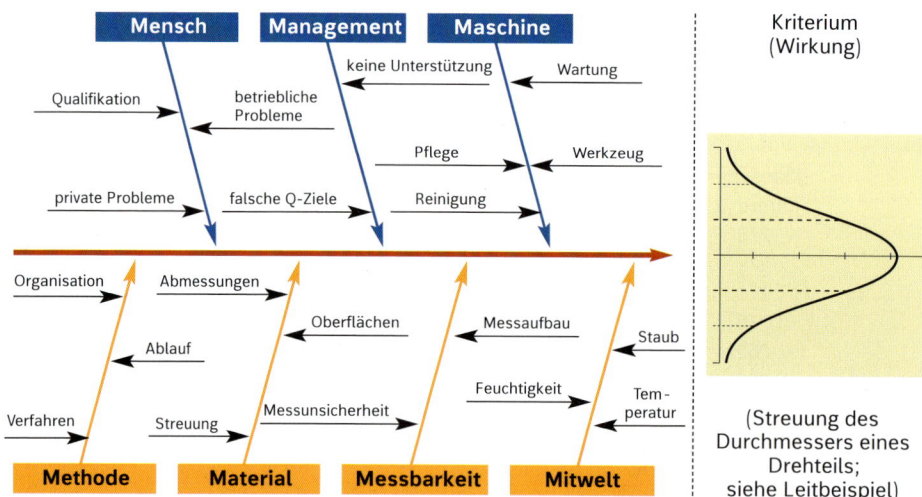

Bild 5.9: Ursache-Wirkungs-Diagramm

5.2.6 Kräftefeld-Analyse („Force-field"-Analyse)

Kurt Lewin nimmt an, dass die „treibenden Kräfte" eine Situation zur Veränderung führen, während die „Rückhaltekräfte" genau diese Bewegung blockieren. Es gibt zu jeder treibenden Kraft auch eine Rückhaltekraft. Wenn es keine Veränderung gibt, sind die gegensätzlichen Kräfte gleich oder die Rückhaltekräfte sind zu stark, um eine Bewegung in die gewünschte Richtung zuzulassen. Betrachten wir ein praktisches Beispiel, das die „Gewichtsabnahme" zum Thema hat:

Treibende Kräfte	Rückhaltekräfte
Gesundheitsbedrohung	Zeitmangel
Kultureller Schlankheitszwang	Veranlagung
Viele schlanke Modelle	Unsympathische Freunde und Familie
Gefühl der Behinderung	Fehlendes Geld für Gymnastikstunden
Negatives Selbstbild	Mangelndes Interesse
Positive Einstellung zu Gymnastik	Schlechter Rat
Fehlende Versuchungen	Jahrelange falsche Essgewohnheiten
Kleider passen nicht	Zuckeranteil in der Nahrung

Bild 5.10: Kräftefeld-Analyse (Quelle: MEMORY JOGGER, GOAL/QPC)

Warum unterstützt die Kräftefeld-Analyse Veränderungen?
1. Sie zwingt die Menschen, über alle Aspekte einer gewünschten Änderung nachzudenken. Kreative Denkanstöße werden so in Gang gesetzt.
2. Sie fördert den Konsens der Menschen über die relative Priorität der Faktoren auf jeder Seite der Bilanz.
3. Sie bietet einen Ausgangspunkt für weitere Aktionen.

Die Veränderung kann unter zwei Perspektiven angeregt werden: Stärkung der treibenden Kräfte oder Reduzierung der Rückhaltekräfte. Die Stärkung des Positiven hat oft die unerwartete Wirkung, dass anstelle der gewünschten Verbesserung der Widerstand verstärkt wird. Als wirkungsvollste Taktik erwies sich, eine Rückhaltekraft abzuschwächen oder ganz zu eliminieren. In unserem Beispiel wäre es wesentlich hilfreicher, mit dem Zeitmangel zu argumentieren, anstatt jemanden dauernd zu erinnern, dass die Kleider nicht mehr passen.

5.2.7 Verlaufsdiagramm

Das Verlaufsdiagramm ist die einfachste Methode zur Aufzeichnung von Tendenzen über einen bestimmten Zeitraum. Es eignet sich zur Überwachung eines Systems, indem über einen längeren Zeitraum hinweg Änderungen des Durchschnittsverhaltens ersichtlich werden.

Erstellen eines Verlaufsdiagramms

1. Ermitteln Sie die Messwerte.
2. Skalieren Sie die y-Achse mit der Merkmalseinheit, z. B. ø in mm (*Tipp:* größter und kleinster Messwert müssen eintragbar sein).
3. Tragen Sie auf der x-Achse die Messwerte in der Reihenfolge ihrer Ermittlung ein (erster Messwert als Erstes, zweiter Messwert als Zweites, ...).
4. Verbinden Sie die eingetragenen Messpunkte mit einer Linie.
5. Ermitteln Sie den Mittelwert aus den Messpunkten und tragen Sie ihn als Linie auf der y-Achse ein.

Beispiel: **Verlaufsdiagramm zum Leitbeispiel 1 „Drehteil"** (Kapitel 5.5)

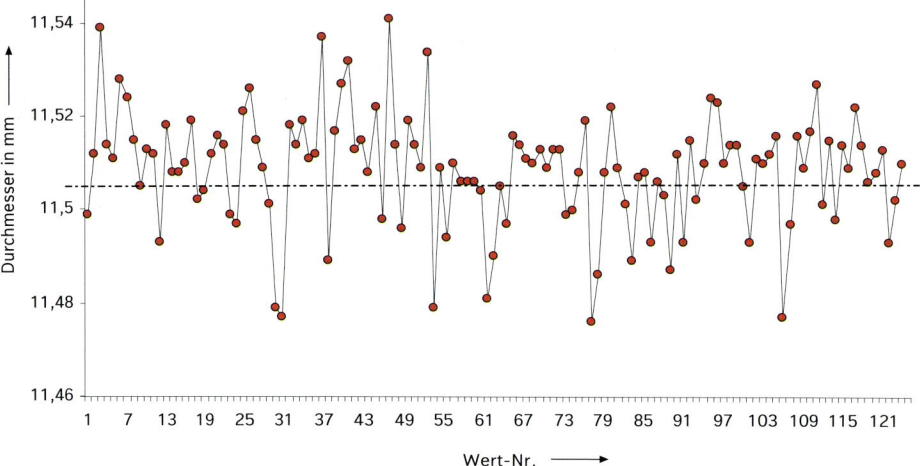

Bild 5.11: Verlaufsdiagramm „Durchmesser des Drehteils" (125 Messwerte)

Beispiel: **Verlaufsdiagramm zum Leitbeispiel 2 „Elektrischer Widerstand"** (Kapitel 5.5)

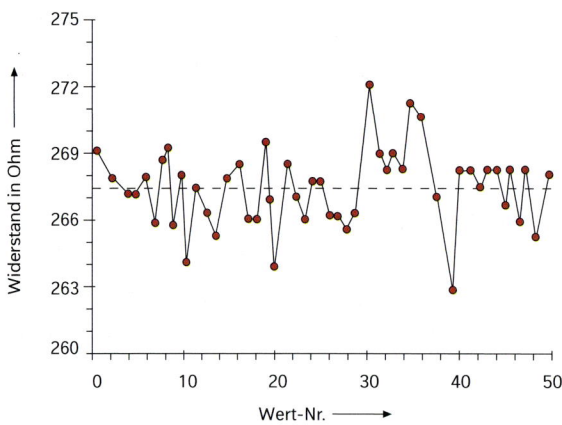

Bild 5.12: Verlaufsdiagramm „Elektrischer Widerstand" (50 Messwerte)

52

5.2.8   Streudiagramm

Ein Streudiagramm macht deutlich, ob eine Beziehung (**Korrelation**) zwischen zwei Variablen besteht und in welcher Stärke diese auftritt. Das Diagramm sagt jedoch nichts über die gegenseitige Beeinflussung der Variablen (**Wechselwirkung**) aus.

Erstellen eines Streudiagramms

1. Erstellen Sie eine Tabelle mit bis zu 100 Datenpaaren, von denen Sie eine Beziehung erwarten.
2. Zeichnen Sie ein Koordinatenkreuz mit den beiden Variablen als Achsen.
3. Tragen Sie die Datenpaare in das Diagramm ein.

Beispiel: **Beziehung zwischen Körpergröße und Körpergewicht von 100 männlichen Schülern im Alter zwischen 20 und 30 Jahren**

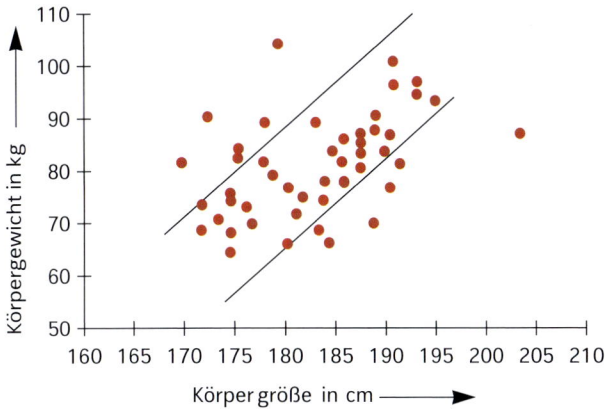

Bild 5.13: Streudiagramm

Je größer die Dichte, d. h., viele Punkte nähern sich einer Geraden, desto eindeutiger ist die Beziehung zwischen den beiden Variablen. Die Richtung (positiv = steigende Gerade, negativ = fallende Gerade) der Beziehung wird durch den Punkteverlauf deutlich.

5.2.9   Pareto-Diagramm

Das Pareto-Diagramm, auch **ABC-Analyse** genannt, klassifiziert Kriterien (z. B. Fehler, Verteilung von Kapital auf die Bevölkerung) nach Art und Häufigkeiten. Es hat zum Ziel, die wichtigsten Kriterien zu analysieren und die Prioritäten zu ermitteln. Ein Pareto-Diagramm, das auf der Grundlage von Strichlisten (siehe Kapitel 5.2.1) oder anderen Formen der Datenerfassung erstellt wurde, lenkt die Aufmerksamkeit und Aktivitäten direkt auf die wirklich wichtigen Kriterien. Die größten Balken stellen die am häufigsten auftretenden Kriterien dar.

Erstellen eines Pareto-Diagramms

1. Wählen Sie die Kriterien aus.

2. Bilden Sie Klassen zu den Kriterien (z. B. Fehlerarten).

3. Ermitteln Sie die Häufigkeiten (in % auf die Gesamtheit) der Kriterien in den jeweiligen Klassen.

4. Ordnen Sie die Klassen gemäß ihren Häufigkeiten absteigend auf der x-Achse an.

5. Übertragen Sie die Häufigkeiten mittels Balken auf die y-Achse.

6. Vergleichen Sie die Häufigkeiten (Balken) der einzelnen Klassen bzw. Kriterien.

7. Es ergeben sich meist wenige Klassen (wenige Fehlerarten), die insgesamt die größte Häufigkeit (größten Balken) haben (20-80-Regel; 20 % der Klassen machen 80 % der Gesamthäufigkeit aus).

Beispiel 1: **Darstellung eines Pareto-Diagramms**

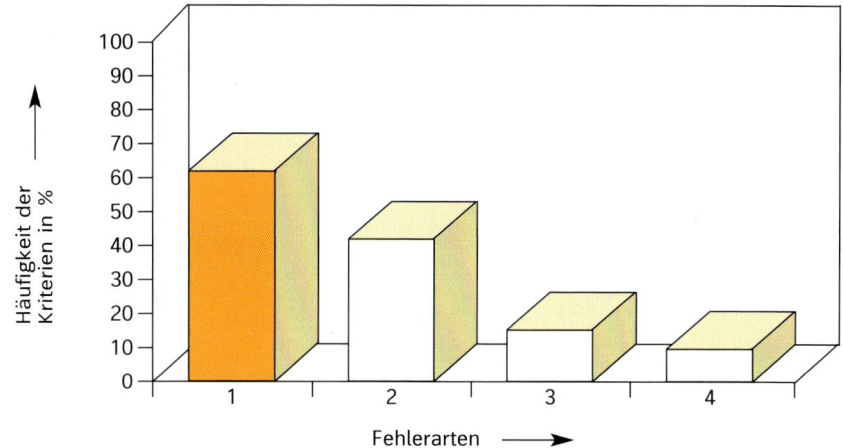

Bild 5.14: Pareto-Diagramm

Beispiel 2: **20-80-Regel im Pareto-Diagramm**

Nimmt man die Verteilung des Geldkapitals bezogen auf bestimmte Personen in den USA, so ergibt sich beispielsweise, dass 20 % der reichsten Amerikaner 80 % des gesamten Kapitals in den USA besitzen.

Beispiel 3: 20-80-Regel an der Verteilung der Fehlerarten in einem Unternehmen

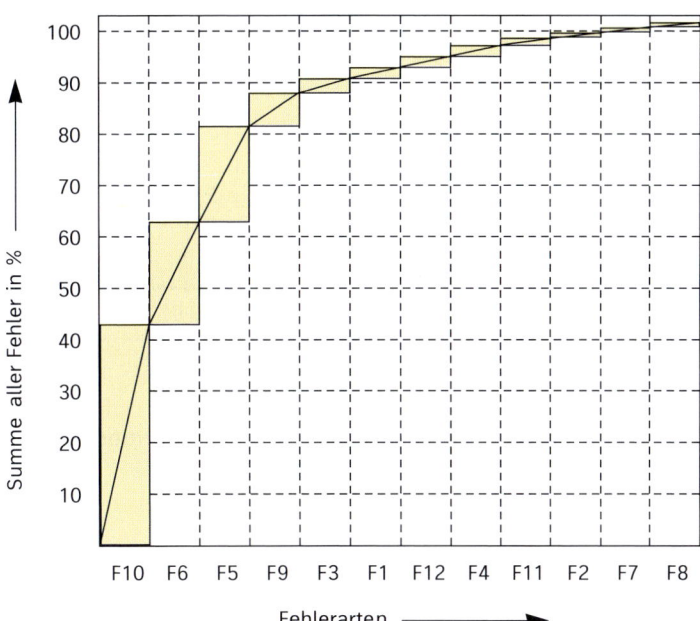

Bild 5.15: 20-80-Regel im Pareto-Diagramm

Nach dem Ordnen der Häufigkeiten im Pareto-Diagramm ergibt sich:

Drei von zwölf Fehlern (entspricht 25 % der Fehler) verursachen 80 % der Beanstandungen, d. h., diese drei Fehler (hier F10, F6, F5) müssen als Erstes beseitigt werden.

5.2.10 Histogramm

Das Histogramm ist ein Balkendiagramm, das aus Messungen resultiert. Es dient zur Erkennung und Darstellung der Streuung von Messdaten. Werden die Balkenspitzen durch eine Kurve miteinander verbunden, erhalten wir die **Gauß'sche Glockenkurve** (siehe Kapitel 5.5.1).

Erstellen eines Histogramms

1. Erstellen Sie von den Messwerten eine Strichliste (siehe Kapitel 5.2.1).
2. Zeichnen Sie das Histogramm auf der Basis der Strichliste. Das Histogramm ist die grafische Abbildung einer Strichliste.

Die Anzahl der Messwertklassen entspricht der Anzahl der Balken.

Beispiel: **Histogramm zum Leitbeispiel 1 „Drehteil"** (siehe Kapitel 5.5)

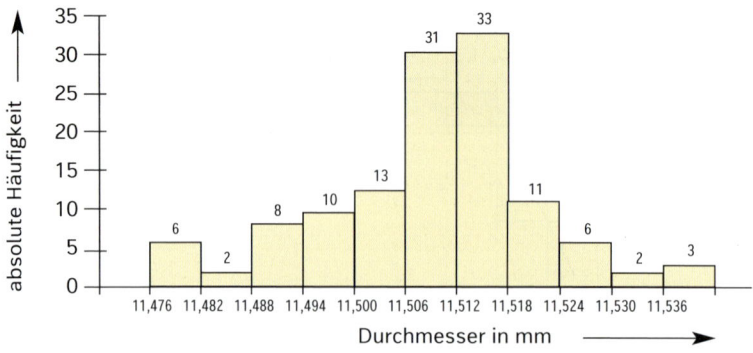

Bild 5.16: Histogramm „Durchmesser des Drehteils" (125 Messwerte)

Beispiel: **Histogramm zum Leitbeispiel 2 „Elektrischer Widerstand"** (s. Kapitel 5.5)

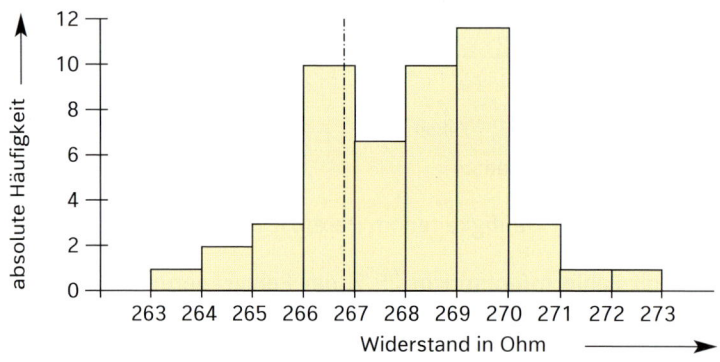

Bild 5.17: Histogramm „Elektrischer Widerstand" (50 Messwerte)

5.2.11 Matrixdiagramm

Im Matrixdiagramm können Zusammenhänge und Beziehungen zwischen zwei Themengebieten verdeutlicht werden. Die Vorstufe des Matrixdiagramms ist das Streudiagramm. Zusätzlich bietet das Matrixdiagramm die Möglichkeit, die aufgezeigten Beziehungen zu klassifizieren. Eine Form des Matrixdiagramms ist der **Paarvergleich**. Mithilfe des Paarvergleichs werden Entscheidungen getroffen.

Erstellen eines Matrixdiagramms

1. Erstellen Sie eine Matrix.

2. Schreiben Sie die Kriterien untereinander in Zeilen
(z. B. Preis = Zeile 1, Sicherheit = Zeile 2).

3. Schreiben Sie die gleichen Kriterien nebeneinander in Spalten
(z. B. Preis = Spalte 1, Sicherheit = Spalte 2).

4. Gehen Sie jede Zeile durch und vergleichen Sie dieses Kriterium mit jedem Kriterium in den Spalten (z. B. Preis/Sicherheit, Preis/Verbrauch, Preis/Verarbeitung ...). Ist das Kriterium in der Zeile wichtiger als das Kriterium in der Spalte, so wird im Feld eine 2 eingetragen. Ist das Kriterium der Zeile weniger wichtig als in der Spalte, so wird eine 0 eingetragen. Es muss immer eine Entscheidung für eines der beiden Kriterien getroffen werden.

5. Addieren Sie die jeweiligen Zeilen zu einer Quersumme. Die Zeile mit der höchsten Quersumme ist das wichtigste Kriterium. Die Zeile mit der geringsten Quersumme ist das am wenigsten wichtige Kriterium.

Beispiel: **Entscheidungsfindung beim Kauf eines Autos mit Paarvergleich**

Kriterien	Preis	Sicherheit	Verbrauch	Verarbeitung	Motorleistung	Komfort	Image	Summe
Preis		0	0	2	2	2	2	8
Sicherheit	2		2	2	2	2	2	12
Verbrauch	2	0		2	2	2	2	10
Verarbeitung	0	0	0		2	2	2	6
Motorleistung	0	0	0	0		0	2	2
Komfort	0	0	0	0	2		2	4
Image	0	0	0	0	0	0		0

Bild 5.18: Paarvergleich

Die Kriterien „Preis, Sicherheit und Verbrauch" sind die wichtigsten Kriterien und sollten beim gewählten Auto besonders berücksichtigt werden.

5.3   Quality Function Deployment (QFD)

5.3.1   Historie von QFD

Die Methode **Quality Function Deployment** findet ihre Anfänge in den siebziger Jahren in Japan. Hier wurden die ersten „Qualitätstabellen zur Produktplanung" eingesetzt. In den 1980er Jahren wurde die Methode nach ausführlichen Studienreisen der Amerikaner in Japan erstmals erfolgreich in den USA eingeführt. Anfang der 1990er Jahre findet QFD seinen Einsatz in Europa und der BRD, initiiert vor allem durch amerikanische Muttergesellschaften. Die in der Zwischenzeit weltweiten Erfahrungen mit QFD haben die Methode weiterentwickelt, neue „Qualitätstabellen" entstehen lassen und neue Einsatzmöglichkeiten geschaffen.

5.3.2   Grundlagen der Methode QFD

Quality Function Deployment wird heute als eine umfassende Methode zur Qualitäts- und Produktivitätssteigerung bei Produkten, Prozessen und Dienstleistungen angewendet. Den Einsatz findet QFD vor allem in der Planungs- und Konzeptionsphase.

Die Kennzeichen von QFD sind:

- QFD ist Planungs- und Kommunikationsmethode für Produkte, Prozesse und Dienstleistungen.
- QFD ist zielorientierte und nicht möglichkeitsorientierte Planung und Entscheidung.
- QFD ermittelt und dokumentiert die Komplexität, Abhängigkeiten und Einflüsse in Produkten, Prozessen und Dienstleistungen.
- QFD unterstützt die Übersetzung der Kundenanforderungen in Qualitätsmerkmale des Produktes oder Prozesses.
- QFD ist eine teamorientierte und faktenorientierte Methode.
- QFD gewichtet Beziehungen und Bedeutungen zwischen Produkt-/Prozessmerkmalen und Anforderungen.
- QFD bietet die Möglichkeit, den Wettbewerber intensiv mittels verschiedener Benchmarkings (Wettbewerbervergleiche) zu berücksichtigen.

QFD kann für alle Planungsprozesse eingesetzt werden, wenn von Anforderungen auf benötigte Merkmale bzw. Leistungen geschlossen werden soll. Der Einsatz von QFD reicht von der Planung von Konsumgütern (Telefone, Kaffeemaschinen, Hifi-Geräten etc.) über Investitionsgütern z. B. im medizinischen Bereich oder in der Werkzeugmaschinenbranche bis zur Gestaltung und Renovierung von öffentlichen Einrichtungen (Kaufhäuser, Bürogebäuden, Bahnhöfen etc.) wie auch zu Managemententscheidungen zu **„Joint Ventures"** (Zusammenarbeit verschiedener Unternehmen) oder der Auswahl von EDV-Systemen.

QFD wird meist in einer sehr frühen Planungsphase angewendet, um die Zielgrößen von Produkten und Prozessen festzulegen, und begleitet die Umsetzungsphase kontinuierlich. Ausgehend von den Fragestellungen „Was sind die Anforderungen?" und „Wie können diese Anforderungen erfüllt werden?" ermittelt QFD die Einflüsse und Beziehungen der vom Unternehmen geplanten Produktmerkmale auf die jeweiligen Kundenanforderungen.

Als Standardformular im QFD hat sich das sogenannte **„House of Quality"** durchgesetzt. Dieses House of Quality verknüpft verschiedene Qualitätstabellen miteinander und dokumentiert die wichtigsten Entscheidungskriterien in der Produktplanungsphase.

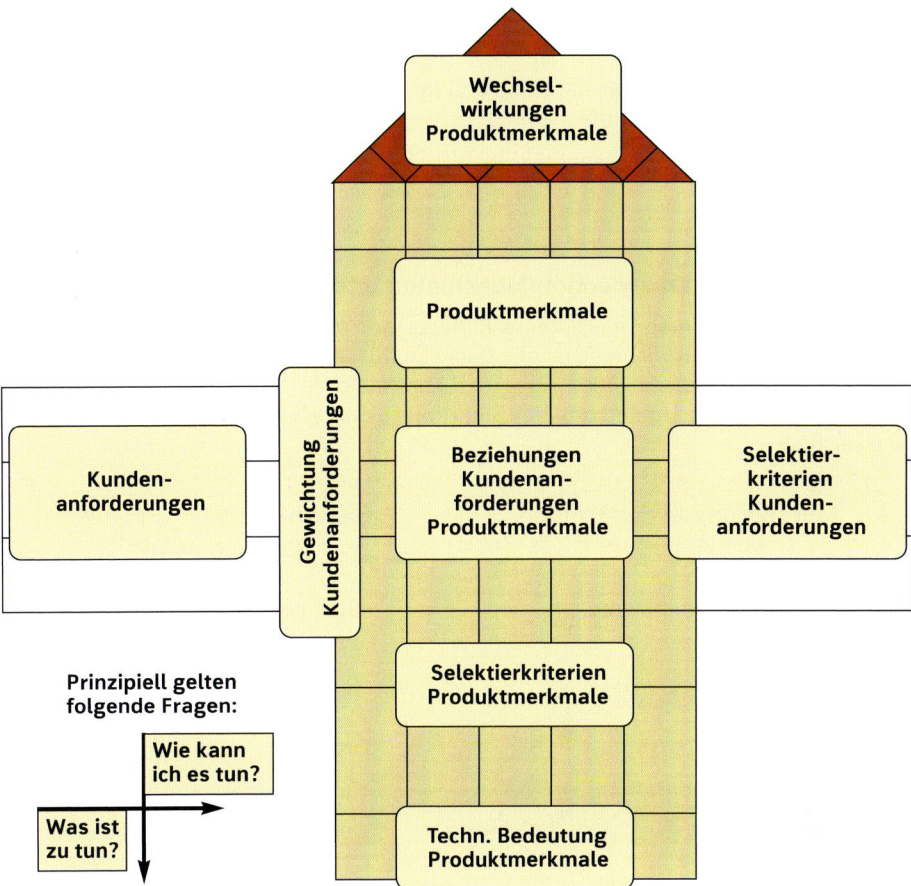

Bild 5.19: Felder im House of Quality

5.3.3   Arbeiten mit der Methode QFD

Die Vorgehensweise bei der Produktplanung soll anhand eines Beispiels aufgezeigt werden. Als Beispiel wurde die Neuentwicklung eines Sommerreifens für einen Personenkraftwagen gewählt. Das Beispiel umfasst nur einen kleinen Ausschnitt aus den möglichen Qualitätstabellen. Mittels Kundenkontakt, Kundenbefragung und Marktbeobachtung wurden folgende mögliche Anforderungen an den Sommerreifen aus Kundensicht ermittelt:
- kein Platzen des Reifens
- hohe Laufleistung des Reifens
- hohe Haftung in Kurven
- das Design des Autoreifens (z. B. Schriftzug)
- etc.

Diese Kundenaussagen bzw. -anforderungen muss der Hersteller von Autoreifen berücksichtigen, um letztendlich ein vom Kunden akzeptiertes Produkt zu entwickeln und zu produzieren. In der Entwicklungsphase eines Produktes werden diese Anforderungen in mess- oder zählbare Produktmerkmale übersetzt (oft werden Anforderungen in Anforderungsprofilen, Lasten- bzw. Pflichtenheften dokumentiert).

Solche messbaren Produktmerkmale/-funktionen sind:

- die Steifigkeit der Karkasse (in N)
- die Festigkeit zwischen der Karkasse und dem Profil (in N)
- der Gummiabrieb der Lauffläche (in g)
- die Profilfläche (in mm²)
- die Tiefe des Profils (in mm)
- etc.

5.3.4 Beziehungen zwischen Merkmalen und Anforderungen

Dass einzelne Merkmale gleichzeitig Einfluss auf mehrere Kundenanforderungen haben können, ist natürlich und es gilt, diese Einflüsse zu ermitteln und darzustellen. Des Weiteren gilt es, die Bedeutung der Merkmale zu ermitteln, um im Produkt Schwerpunkte für die Umsetzung der Bedürfnisse und Wünsche der Kunden optimal zu erreichen.

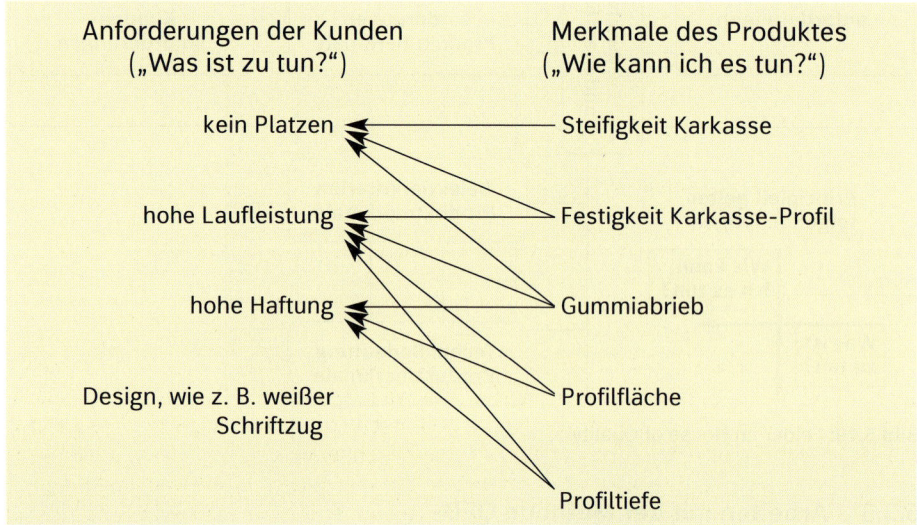

Bild 5.20: Beziehungen zwischen Produktmerkmalen und Kundenanforderungen

5.3.5 Qualitätstabelle

Um eine übersichtlichere Darstellung der Beziehungen zu erhalten und um die einzelnen Einflüsse mit einer Wertigkeit (Stärke des Einflusses, direkter oder diffuser Einfluss) genauer spezifizieren zu können, werden die Beziehungen in einer **Qualitätstabelle** dargestellt.

Eine oft benutzte Skalierung der Wertigkeit des Einflusses bzw. der Beziehung ist hierbei:

3	=	starker Einfluss/starke Beziehung
2	=	mittlerer Einfluss/mittlere Beziehung
1	=	schwacher Einfluss/schwache Beziehung
Leer	=	kein Einfluss/keine Beziehung

Diese Einflüsse werden im Expertenteam (Fachleute aus den Bereichen Marketing, Vertrieb, Entwicklung, Produktion, Qualitätssicherung) diskutiert und ermittelt. Das Ergebnis wird in einer Matrix dargestellt und ist die erste sogenannte „Qualitätstabelle".

	Steifigkeit Karkasse	Festigkeit Karkasse-Profil	Gummiabrieb	Profilfläche	Profiltiefe
Kein Platzen	3	3	2		
Hohe Laufleistung		1	3	1	3
Hohe Haftung			3	3	2
Design, z. B. weißer Schriftzug					

Bild 5.21: Qualitätstabelle

5.3.6 House of Quality

Das House of Quality hat als Basis eine Qualitätstabelle (Kundenanforderungen/ Merkmale). Ergänzt wird die Qualitätstabelle durch weitere Tabellen, Zeilen oder Spalten. Diese beinhalten z. B. Selektierkriterien für die Entscheidungsfindung, wie etwa weitere Differenzierungsmerkmale des Produktes oder Wechselwirkungen zwischen Produktmerkmalen. Die kundennahen Informationen und Kriterien (Kundenanforderungen, Wettbewerbervergleich bezüglich des Produktimages) werden im QFD meist von Spezialisten aus Marketing, Vertrieb und Kundendienst ermittelt. Die techniknahen Informationen und Kriterien (Merkmale, Schwierigkeiten, Wechselwirkungen, Wettbewerbervergleich bezüglich der Produkttechnik) werden meist durch Spezialisten aus Entwicklung, Konstruktion oder Versuch definiert.

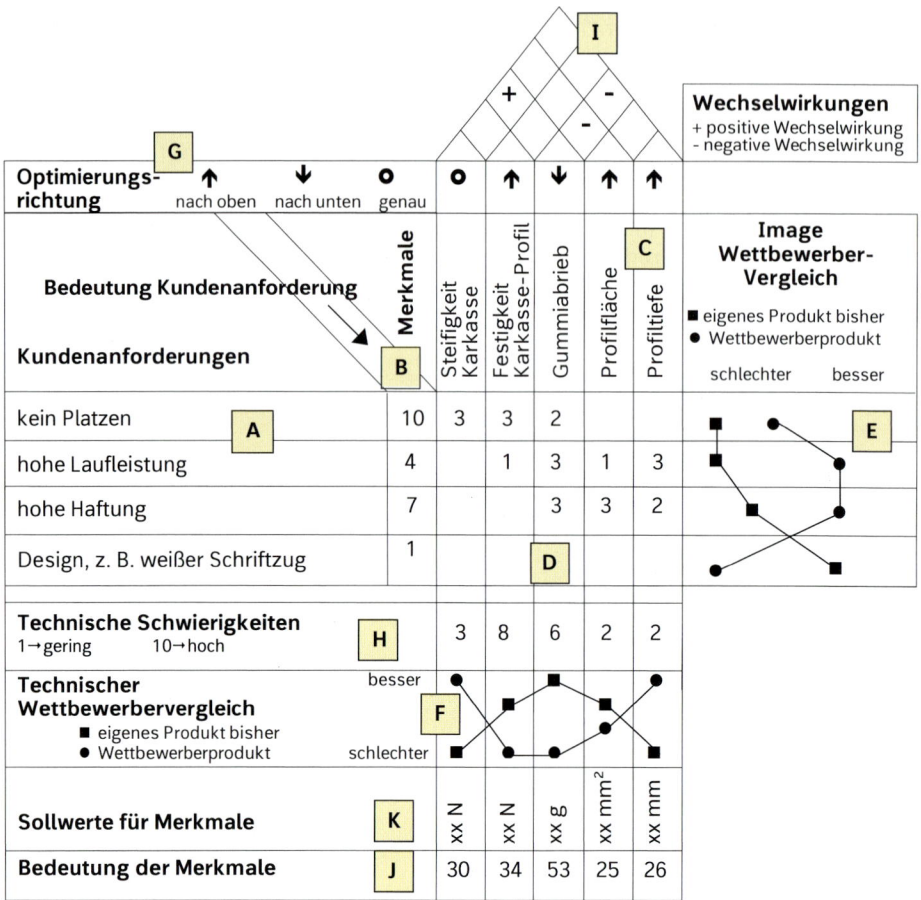

Bild 5.22: House of Quality

5.3.7 Felder des House of Quality

Kundenanforderungen [A]

Wichtig ist vor der Ermittlung der Kundenanforderungen die späteren Zielgruppen für das Produkt klar festzulegen. Als Kunden können die Käufer, die Benutzer, die Nutznießer sowie auch beispielsweise der Gesetzgeber definiert werden. Die vorhandenen Kundenanforderungen wurden durch Marktbefragung und Kundenkontakte ermittelt. Kundenanforderungen umfassen dabei Wünsche, Bedürfnisse sowie absolut notwendige Kundenkriterien.

Bedeutung der Kundenanforderungen [B]

Die Bedeutung/Wichtigkeit der einzelnen Anforderungen ist unterschiedlich und muss bei der Analyse berücksichtigt werden. So ist nach Kundenumfrage „kein

Platzen" dem Kunden wichtiger als „hohe Haftung". Bedeutung/Wichtigkeit wird im „House of Quality" meist mit 10 (sehr wichtig) bis 1 (weniger wichtig) skaliert.
Mit dem Paarvergleich kann eine Bewertung der Kundenanforderung durchgeführt werden.

Kundenanforderung an einen Autoreifen / Fragerichtung im Paarvergleich	Kein Platzen	Hohe Laufleistung	Hohe Haftung	Design, z. B. weißer Schriftzug	Summe	Bedeutung Kundenanforderung
Kein Platzen	×	2	2	2	6	10
Hohe Laufleistung	0	×	0	2	2	4
Hohe Haftung	0	2	×	2	4	7
Design, z. B. weißer Schriftzug	0	0	0	×	0	1

Bild 5.23: Bedeutung der Kundenanforderungen

Beim Paarvergleich werden die Kundenanforderungen gegenseitig paarweise bewertet. Die Zahl „2" steht für „wichtiger als", die Zahl „0" für „weniger wichtig als". Die Kundenanforderung „kein Platzen" ist somit wichtiger als „hohe Laufleistung". Im Gegenzug ist die „hohe Laufleistung" weniger wichtig als „kein Platzen". Nach der Vergabe der Bewertungszahlen werden die einzelnen Kundenanforderungen zeilenweise addiert. Die Summe der Anforderung „kein Platzen" beträgt „6". Da die Bedeutung der Kundenanforderung von 1 (weniger wichtig) bis 10 (sehr wichtig) reicht, müssen die Zeilensummen auf eine Skala von 1–10 umgerechnet werden (siehe Spalte „Bedeutung Kundenanforderungen"). Die größte Summe (Kundenanforderung „kein Platzen") entspricht der Gewichtung 10. Meist wird bei der Umrechnung auf die nächst größere Zahl aufgerundet.

Hinweis: Die jeweilige Bedeutung/Wichtigkeit der Kundenanforderung kann zwischen einzelnen Kundenzielgruppen unterschiedlich sein und muss daher aus der Sicht der jeweiligen Kundenzielgruppe auch getrennt ermittelt und erfasst werden (z. B. über eine zusätzliche Spalte).

Merkmale [C]

Merkmale bzw. Produktfunktionen können aus den Anforderungen abgeleitet werden oder sie entstehen aus einer neuen Produktkonzeption. Wichtig ist, dass diese Merkmale zählbar oder messbar und von ihrem Stellenwert im Produkt ungefähr gleichwertig sind.

Beziehungen zwischen Produktmerkmalen und Kundenanforderungen [D]

Die Beziehungen/Einflüsse zwischen Merkmalen (C) und Anforderungen (A) werden mit Kennziffern zwischen 1 und 3 gewichtet. Starke Beziehungen entsprechen 3er-Beziehungen, d. h., dass diese Merkmale in starker Weise Einfluss auf die jeweilige Anforderung nehmen. Der Gummiabrieb der Lauffläche hat im Beispiel einen starken Einfluss auf die geforderte „hohe Laufleistung" des Reifens. Der Gummiabrieb hat aber keinen Einfluss auf das „Design". Es ist für die Produktauslegung einerseits wichtig zu wissen, welche Merkmale ohne Einfluss auf die Kundenanforderungen verändert werden können. Andererseits ist es genauso wichtig zu wissen, welche Kundenanforderungen durch Merkmale aktiv beeinflusst werden können.

Image Wettbewerbervergleich E

Das Feld **„Wettbewerbervergleich Image"** ist ein Benchmarking (Gegenüberstellung von Wettbewerbern) auf der Basis des vorhandenen Produktimages am Markt und muss ebenfalls durch Kundenumfragen ermittelt werden (subjektives Benchmarking). Ein neues Produkt sollte in der Regel besser sein als ein existierendes Wettbewerberprodukt, um einen angemessenen Absatz zu garantieren. Deshalb wird der Kunde nach seiner Imagewertung bezüglich seiner einzelnen Anforderungen befragt. Im Beispiel schneidet das „Platzen des Reifens" beim eigenen Produkt aus Sicht des Kunden bisher schlechter ab als ein Wettbewerberprodukt. Hingegen wird das Design beim bisherigen Produkt als besser eingestuft. Aus dem Imagevergleich können sich schon erste Hinweise ergeben, welche Entwicklungsschwerpunkte angegangen werden müssen. Im Beispiel hat das „eigene Produkt" aus Kundensicht Imagevorteile bei der Erfüllung der Anforderung „Design". Das Wettbewerberprodukt hat ein besseres Image bei den Anforderungen „kein Platzen", „hohe Laufleistung" und „hohe Haftung".

Technischer Wettbewerbervergleich F

Das Feld **„Wettbewerbervergleich Technik"** ist ein Benchmarking auf der Basis der technischen Produktmerkmale und kann durch Messen ermittelt werden (objektives Benchmarking). Der technische Wettbewerbervergleich untersucht konkret, also messend, die Merkmale zwischen dem eigenen Produkt und den Lösungen der Wettbewerber. Dieser Vergleich benötigt keine Kundenmeinung, sondern wird meist objektiv in den Versuchslabors im Unternehmen durch Spezialisten durchgeführt.

Optimierungsrichtung G

Die Optimierungsrichtung gibt eine geplante Veränderung des Merkmals vor. So ist geplant, die Profilfläche zu maximieren (↑), das Optimum wäre ein Slik, den Abrieb zu minimieren (↓), um eine maximale Lebensdauer zu erreichen. Die Steifigkeit der Karkasse soll genau einem bestimmten Wert entsprechen (**O**), da eine geringe Steifigkeit zu instabilem Fahrverhalten führt und hohe Steifigkeit das Walzverhalten negativ beeinflusst.

Technische Schwierigkeiten H

Die technischen Schwierigkeiten zeigen Probleme bei der Umsetzung der angestrebten Optimierungsrichtung. So macht nach Expertenmeinung eine Maximierung der Profiltiefe weniger Schwierigkeiten als beispielsweise die technische Abstimmung der richtigen Gummimischung für einen geringen Gummiabrieb. Die gebräuchliche Skalierung ist hier 10 (sehr schwierig zu realisieren) bis 1 (sehr einfach zu realisieren).

Wechselwirkungen zwischen Merkmalen I

Die Wechselwirkungen beschreiben zwangsläufige, physikalische Abhängigkeiten unter den Produktmerkmalen. So gibt es negative Wechselwirkungen zwischen dem „Gummiabrieb" und der „Profiltiefe" sowie zwischen „Gummiabrieb" und „Profilfläche". Größere Profilfläche führt zwangsläufig zu einem hohen Gummiabrieb, der gemäß Optimierungsrichtung minimal sein sollte und deshalb als negative Wechselwirkung bewertet wird. Eine positive Wechselwirkung besteht zwischen Steifigkeit-Karkasse und Gummiabrieb.

Bedeutung der Merkmale ☐J
Die Bedeutung der Merkmale errechnet sich aus der Bewertung der Beziehungen zwischen Merkmalen und Kundenanforderungen und der Bedeutung der Kundenanforderungen. Der Gummiabrieb hat Einfluss auf die Kundenanforderung „kein Platzen" (2 = mittlerer Einfluss) sowie Einflüsse auf die Kundenanforderungen „hohe Laufleistung" und „hohe Haftung" (3 = starker Einfluss).
So ergibt sich die Bedeutung des Merkmals „Gummiabrieb" aus:

$$2 \cdot 10 + 3 \cdot 4 + 3 \cdot 7 = 53$$

Die Bedeutung des Merkmals „Profilfläche":

$$1 \cdot 4 + 3 \cdot 7 = 25$$

Die Bedeutung eines Merkmals wird umso höher, je mehr starke Beziehungen zu wichtigen Anforderungen existieren. Das zur Erfüllung der Kundenanforderungen wichtigste Produktmerkmal ist somit der „Gummiabrieb".

Aus der Analyse und Interpretation der gesammelten und verknüpften Daten des House of Quality werden schließlich die angestrebten Sollwerte für die Merkmale definiert. Diese Merkmale sowie ihre Sollwerte werden anschließend in das Pflichtenheft aufgenommen, das die Vorgabe für die Entwicklungstätigkeiten darstellt.

Beispiel möglicher Interpretationen des House of Quality
Der Imagevergleich zeigt Vorteile/Nachteile zum Wettbewerberprodukt in den für den Kunden wichtigen Anforderungen „kein Platzen" und „hohe Haftung". Die Kundenanforderung „kein Platzen" kann aktiv und stark (3) beeinflusst werden durch das technische Merkmal „Steifigkeit-Karkasse". Die Kundenanforderung „hohe Haftung" kann aktiv stark (3) vom „Gummiabrieb" bzw. „Profilfläche" und mittel (2) von der „Profiltiefe" beeinflusst werden. Der Gummiabrieb des Reifens ist im technischen Vergleich objektiv besser als der Wettbewerb. Das Merkmal „Profiltiefe" schneidet beim Benchmarking schlechter ab als die Konkurrenz. Ziel muss es sein, mindestens die Profiltiefe des Wettbewerbers zu erreichen, gegebenenfalls noch besser als der Wettbewerber zu sein.
Das Design wird momentan durch kein geplantes bzw. in der Matrix aufgeführtes Merkmal beeinflusst. Diese Anforderung bleibt momentan unerfüllt. Zur Erfüllung dieser Anforderung muss ein geeignetes Merkmal gefunden und definiert werden (das House of Quality wird entsprechend ergänzt).

Da es noch viele andere Aspekte zu berücksichtigen gilt, ist das House of Quality eine sehr gute Analyse und gute Diskussionsgrundlage bei der Auslegung von Produkten. Die ermittelte Komplexität von Produkten und Prozessen durch die vielfältigen Beziehungen, wie sie im QFD dargestellt wird, muss berücksichtigt werden, damit Produkte bereits von der Konzeptionsphase an schon richtig geplant werden können.

Erstellung des House of Quality

1. Kundenzielgruppe definieren
2. Kundenanforderungen Ⓐ sowie deren Bedeutung Ⓑ an das geplante Produkt ermitteln
3. Produktmerkmale, die Einfluss auf die Kundenanforderungen haben, definieren Ⓒ
4. Beziehungen zwischen Produktmerkmalen und Kundenanforderungen bewerten Ⓓ
5. Eigenes Produktimage aus Kundensicht ermitteln Ⓔ
6. Produktimage der wichtigsten Wettwerber aus Kundensicht ermitteln Ⓔ
7. Optimierungsrichtung definieren Ⓖ
8. Technischen Wettbewerbervergleich durchführen und dokumentieren Ⓕ
9. Technische Schwierigkeiten bewerten Ⓗ
10. Wechselwirkungen zwischen den Merkmalen bewerten Ⓘ
11. Bedeutung der Merkmale berechnen Ⓙ
12. Geplante Sollwerte für die Merkmale definieren Ⓚ

5.3.8 Von der QFD-Methode zur FMEA-Methode

Die Bedeutung der Merkmale und die technischen Schwierigkeiten aus dem QFD werden mittels Portfolio selektiert. Im Portfolio werden die Zahlenwerte auf eine 100 %-Skala normiert. Die Merkmale mit hoher Bedeutung (> 50 %) und mit hoher technischer Schwierigkeit (> 50 %) werden in der Fehlermöglichkeits- und Einflussanalyse (FMEA) auf mögliche Risiken untersucht. Durch die Selektion im Portfolio wird der Aufwand für die FMEA auf die relevanten Merkmale reduziert.

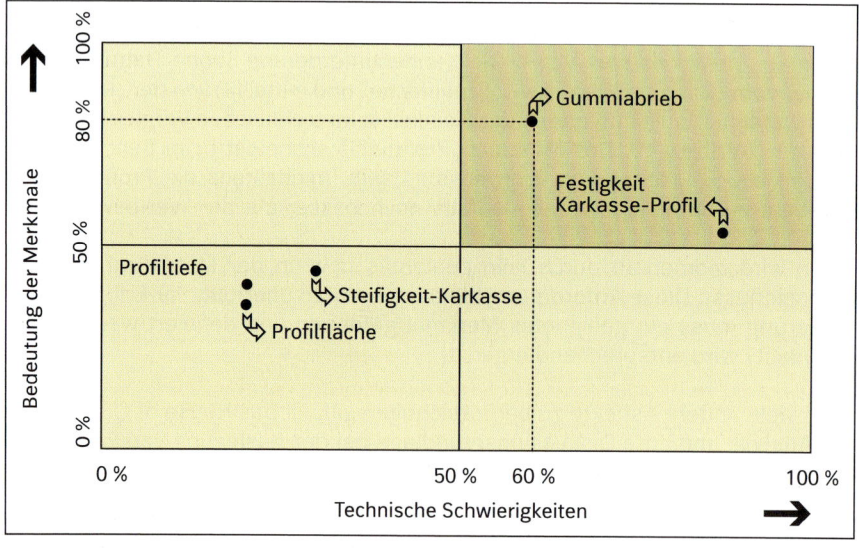

Bild 5.24: Portfolio

Das Merkmal „Gummiabrieb" errechnet sich wie folgt:

Technische Schwierigkeit: 10 entspricht 100 %
                              6 entspricht 60 %   (siehe House of Quality „Technische
                                                  Schwierigkeiten")
Bedeutung der Merkmale: 66 entspricht 100 % (max. Bewertung der Beziehung
                                                  zwischen Merkmalen und Kunden-
                                                  anforderungen →
                                                  $3 \cdot 10 + 3 \cdot 4 + 3 \cdot 7 + 3 \cdot 1 = 66$)
                              53 entspricht 80 %

5.4   Fehlermöglichkeits- und Einflussanalyse (FMEA)

5.4.1   Historie der FMEA

Die **Fehlermöglichkeits- und Einflussanalyse** hat ihren Ursprung in den 1960er-Jah-ren in der amerikanischen Raum- und Luftfahrtbranche. Mögliche Ursachen für Fehler sollten in einem frühen Entwicklungsstadium durch Expertenteams diskutiert und ver-hindert werden. Die Methode wurde später in Deutschland vor allem durch die Auto-mobilbranche verbreitet, indem von Zulieferanten die Analyse der Entwicklungsarbeit mittels der FMEA empfohlen bzw. verlangt wurde. In der Zwischenzeit wurde die FMEA auch durch andere Branchen wie dem Maschinenbau, der Elektrotechnik etc. mit Erfolg eingeführt. Seit November 2006 ist die FMEA in einer Norm (DIN EN 60812: Analysetechniken für die Funktionsfähigkeit von Systemen) beschrieben. Diese Norm bezeichnet die FMEA als „Fehlzustands- und -auswirkungsanalyse". In den Unter-nehmen ist allerdings die alte Bezeichnung als „Fehlermöglichkeits- und Einflussana-lyse" immer noch im Gebrauch.

5.4.2   Grundlagen der Methode FMEA

Die FMEA ist eine systematische **Risikoanalyse** bzw. Ursachen-Wirkungs-Analyse zur Ermittlung der möglichen Risiken in Produkten und Prozessen. Bei der FMEA werden möglichen Fehlern verschiedene mögliche Ursachen und verschiedene mögliche Fol-gen zugeordnet. Die Auftretenswahrscheinlichkeiten des Fehlers, die Bedeutung der Folgen des Fehlers und die Entdeckungswahrscheinlichkeiten der Ursachen werden abgeschätzt und führen zur Risikoprioritätszahl (RPZ). Die Risikoprioritätszahl quanti-fiziert ein mögliches Risiko und führt zu notwendigen Abstellmaßnahmen und damit zur Risikoreduzierung. Teilnehmende Personen an FMEA-Sitzungen sind Experten und Spezialisten aus den verschiedensten vom Produkt bzw. Prozess betroffenen Unter-nehmensbereichen (z. B. Entwicklung, Produktion, Versuch, Qualitätswesen).

Die Kennzeichen der Methode FMEA sind:

- FMEA ist eine systematische, teamorientierte Analysemethode
- FMEA quantifiziert mögliche Risiken in Systemen, Produkten oder Prozessen
- FMEA dokumentiert das vorhandene Expertenwissen im Unternehmen
- FMEA unterstützt das Risikomanagement und reduziert das Krisenmanagement
- FMEA fördert abteilungsübergreifend den Wissenstransfer im Unternehmen

5.4.3   Arten der Methode FMEA

Man unterscheidet prinzipiell drei Arten von FMEA:

- System-FMEA
- Konstruktions- bzw. Entwicklungs-FMEA
- Prozess-FMEA

Die Arbeitsweise in der FMEA-Analyse und die Formulare sind trotz unterschiedlicher Anwendung bzw. FMEA-Art identisch. Unterschiede ergeben sich durch das FMEA-Thema (Produkt, Prozess oder System) und im Zeitpunkt des Einsatzes der FMEA.

	FMEA-Basis	FMEA-Thema	Zeitpunkt der FMEA-Analyse
System-FMEA	Systemkonzept (z. B. Konzeptentwurf)	Übergeordnetes System (z. B. Drehmaschine, komplette Montagelinie, komplettes Hochregallager)	Start der FMEA nach Fertigstellung des Produktkonzeptes Abschluss der FMEA vor Freigabe des Produktkonzeptes
Konstruktions-/ Entwicklungs-FMEA	Konstruktionsunterlagen (z. B. Zeichnungen, Stücklisten etc.)	Bauteile (z. B. Antrieb der Drehmaschinen, Vorrichtungen in der Maschine)	Start der FMEA nach Fertigstellung der Konstruktionsunterlagen Abschluss der FMEA vor Produktfreigabe
Prozess-FMEA	Fertigungsunterlagen (z. B. Arbeitspläne, Arbeitsanweisungen)	Fertigungsschritt (z. B. Drehen einer Welle, Einspannen einer Welle)	Start der FMEA nach Fertigstellung der Fertigungsunterlagen Abschluss der FMEA vor Fertigungsfreigabe

Bild 5.25: Arten der FMEA

5.4.4   Aufbau des FMEA-Formulars

Das **FMEA-Formular** ist ein spaltenorientiertes Formular, das meist von links (System) nach rechts (Fehler, Folgen, Ursachen, Maßnahmen) erarbeitet und gelesen wird. Das Formular lässt sich in folgende übergreifenden Felder einteilen:

- Stammdaten (Beschreibung, Identifikation der FMEA-Analyse und des FMEA-Themas)
- Beschreibung des Ist-Zustandes
- Bewertung des Ist-Zustandes
- Beschreibung möglicher und empfohlener Verbesserungen (Abstellmaßnahmen)
- Bewertung des verbesserten Zustandes

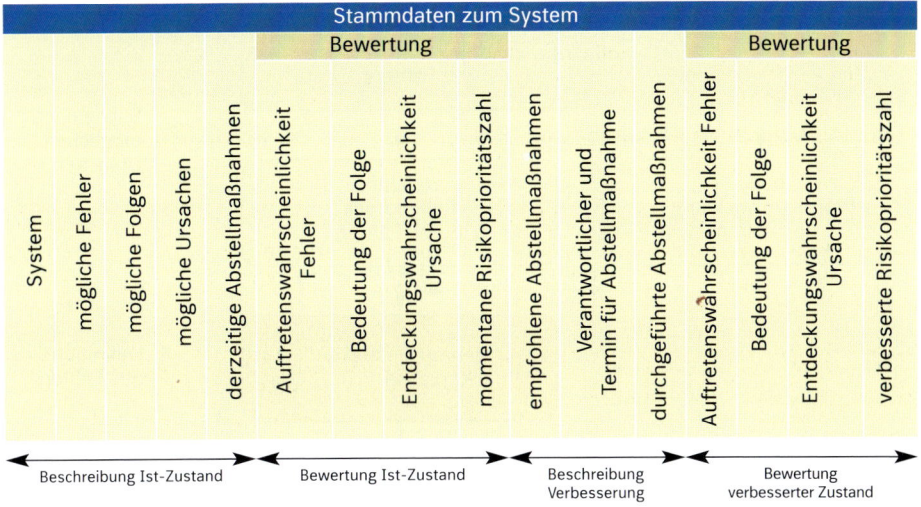

Bild 5.26: FMEA-Formular

5.4.5 Ursachen-Wirkungs-Kette

Eine **Ursachen-Wirkungs-Kette** stellt ein Geschehnis in seiner Beziehung zu vorgelagerten und nachgelagerten Geschehnissen dar. Zum Beispiel kann es durch „zu geringe Festigkeit zwischen Karkasse und Profil" zu einem „Ablösen des Profils von der Karkasse" und dadurch zum „Platzen des Autoreifens während der Fahrt" führen.

Für einen Reifenhersteller ist es sehr wichtig, dass seine Reifen besonders während der Fahrt nicht platzen können, da dies zu schwierigen Fahrsituationen für den Kunden und zu Haftungsfällen für das Unternehmen führen kann. Geht dieser Reifenhersteller von dem möglichen Fehler „geringe Festigkeit zwischen Karkasse und Profil" aus, sind alle vorgelagerten Geschehnisse mögliche Ursachen für diesen Fehler, alle nachgelagerten Geschehnisse mögliche Folgen dieses Fehlers. Neben der möglichen Ursache von einem zu großen Reifendruck sind natürlich noch andere Ursachen denkbar, so z. B. Fertigungsfehler oder starke Wärmeentwicklung.

Mögliche Fehler können sich aus mehreren Ursachen ergeben und zu mehreren Folgen führen. Diese komplexen Zusammenhänge bzw. Einflüsse werden in einer FMEA-Sitzung erarbeitet und diskutiert und im FMEA-Formular erfasst und dokumentiert.

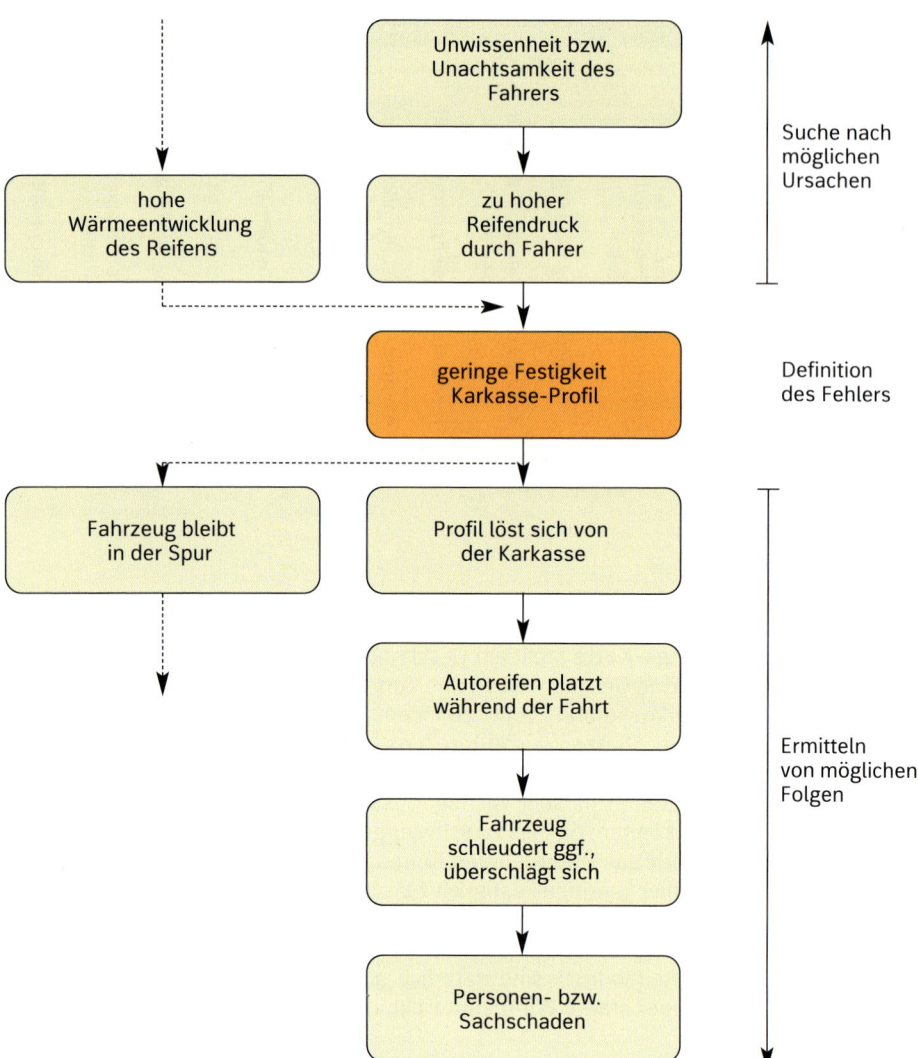

Bild 5.27: Ursachen-Wirkungs-Kette

Fehlermöglichkeits- und Einflussanalyse

	Teilename:	Sommerreifen SPORT 2000		erstellt durch:	R. Göppel
	Teilenummer:	4711		geändert durch:	U. Greßler
	Modell/System/Typ:	Hochgeschwindigkeitsreifen		Änderungsstand:	Version 1
Lieferanten:	Latex GmbH			Team:	H. Schmidt, U. Greßler, R. Göppel
Abteilungen:	Entwicklung, Produktion, Arbeitsvorbereitung, Qualitätssicherung	K-FMEA: X P-FMEA:	Erstellungsdatum: 15.02.2017 letzte Änderung:		

Nr.	System Baugruppe Prozess	Funktion	mögliche Fehler	mögliche Folgen	mögliche Ursachen	derzeitige Abstell-maßnahmen	Auftreten	Bedeutung	Entdeckung	RPZ	empfohlene Abstell-maßnahmen	Verantwort. Termin	durchgeführte Abstell-maßnahmen	Auftreten	Bedeutung	Entdeckung	RPZ
							A	G		K	H	I	J	A	G		K
1	Sommerreifen: SPORT 2000 Besonderheiten: - Hochgeschwindigkeits-reifen - Weißwandreifen - Profiltyp X	hohe Festigkeit Karkasse-Profil	geringe Festigkeit der Karkasse	Profil löst sich von der Karkasse, Fahrzeug schleudert, ggf. Überschlag (Personenschäden)	zu hoher Reifendruck (> 3 bar) durch fehlerhafte Prüfgerät	regelmäßige Kalibrierung des Prüfgeräts durch Tankstellenbetreiber	4	10	8	320	Verkauf nur für zugelassene Fahrzeuge durch Fachhändler, Informations-broschure	Marketing, Vertrieb 11.04.17	Prägestempel in Werkzeug eingearbeitet	1	10	8	80
2				Automobil schleudert, ggf. Überschlag (Personenschäden)	zu geringer Reifendruck (< 1,5 bar), hohe Wärmeentwicklung durch Walkbewegung	begrenzte Zulassung des Reifens	3	10	6	180	zulässigen Reifendruck auf Reifen prägen	Produktion 13.05.17	V: Überdruckventil entwickelt und eingebaut	1	10	8	80
3		wenig Gummiabrieb	hoher Gummiabrieb, geringe Laufleistung (< 5000 km)	Verärgerung der Kunden (ggf. Markenwechsel)	Verwechselung der Rohstoffrezeptur beim Mischen	P: Stichproben-untersuchungen V: keine	2	7	4	56	keine weiteren Maßnahmen						

Bild 5.28:
Konstruktions-FMEA

71

5.4.6   Die Felder des FMEA-Formulars

System A

Im System wird das FMEA-Thema definiert und somit auch die Art der FMEA bestimmt. In der System-FMEA ist dies ein System, in der Konstruktions-FMEA sind es Bauteile oder Schnittstellen zwischen Bauteilen, in der Prozess-FMEA sind es Prozess- bzw. Arbeitsschritte oder Schnittstellen zwischen Arbeitsschritten. Die wichtigsten Qualitätsmerkmale des Systems, der Konstruktion oder des Prozesses werden festgelegt und beschrieben. Sonstige wichtige Informationen zum System, der Konstruktion oder des Prozesses werden notiert.

Funktion B

In der Funktion werden relevante Funktionen des analysierten Objekts definiert.

Mögliche Fehler C

Kehrt man die in der Spalte „System" beschriebenen wichtigen Qualitätsmerkmale/ -funktionen um, hat man die wichtigsten möglichen Fehler definiert (wichtig: geringer Gummiabrieb; „Fehler": Gummiabrieb hoch). Diese möglichen Fehler sollten möglichst konkret beschrieben sein, d. h., der Wert, ab dem man von einem Fehler spricht, sollte beschrieben sein (z. B. ein Fehler ist eine Reifenlaufleistung mit weniger als 5000 km).

Mögliche Folgen D

Die Folgen der Fehler sollten zwei Aspekte berücksichtigen:

- Folgen für das Unternehmen (z. B. schlechtes Image)
- Folgen für den Kunden (z. B. Verärgerung des Kunden)

Die Folgen beschreiben das direkte Ereignis bzw. Resultat nach dem Fehlereintritt. „Was passiert, wenn der Fehler eingetreten ist?"

Mögliche Ursachen E

Die Ursachen sollten zwei Aspekte berücksichtigen:

- Konstruktions-, Auslegungsfehler (z. B. fehlerhafte Dimensionierung)
- Produktions-, Montagefehler (z. B. Verwechslung der Rohstoffe beim Mischen)

Derzeitige Abstellmaßnahmen F

Die derzeitigen Abstellmaßnahmen beschreiben im Moment schon eingeführte und wirksame Abstellmaßnahmen. Ideen zu möglichen Problemlösungen gelten als empfohlene und zukünftige Maßnahmen. Die momentan wirkenden Abstellmaßnahmen haben Einfluss in der Bewertung des Ist-Zustandes. Verhütungsmaßnahmen reduzieren die Auftretenswahrscheinlichkeit, Prüfmaßnahmen erhöhen die Entdeckungswahrscheinlichkeit.

Auftretenswahrscheinlichkeit des Fehlers G

Die Auftretenswahrscheinlichkeit bewertet die Möglichkeit des Fehlereintritts, wenn ermittelte Ursachen vorliegen. Die Bewertungsziffern sind von 1 (geringe Auftretenswahrscheinlichkeit) bis 10 (hohe Auftretenswahrscheinlichkeit) skaliert.

Bedeutung der Folge G

Die Bedeutung der Folge bewertet die Schwere der Auswirkungen des Fehlers. Die Bewertungsziffern sind von 1 (nicht bemerkt vom Kunden) bis 10 (Personenschaden) skaliert.

Entdeckungswahrscheinlichkeit der Ursache G

Die Entdeckungswahrscheinlichkeit bewertet die Möglichkeit, die Ursache vor Fehlereintritt zu entdecken. Hier sind die Werte von 1 (hohe Entdeckung) bis 10 (praktisch keine Entdeckung) skaliert.

Risikoprioritätszahl k

Die **Risikoprioritätszahl** (RPZ) quantifiziert das Risiko durch Multiplikation der Bewertungen (RPZ = Auftreten · Bedeutung · Entdeckung). Tritt ein Fehler mit hoher Auftretenswahrscheinlichkeit auf, führt dieser zu einer kritischen Folge und ist kaum zu entdecken, wird die RPZ damit sehr hoch. Die RP-Zahl kann Werte von $1 \cdot 1 \cdot 1 = 1$ bis $10 \cdot 10 \cdot 10 = 1000$ annehmen. Die Erfahrung zeigt, dass RP-Zahlen größer 100 als Risiko zu werten sind und durch gezielte Maßnahmen reduziert werden müssen. RP-Zahlen kleiner 40 gelten als geringes Risiko. Werte zwischen 40 und 100 müssen vom Team erneut beurteilt werden. Liegen in den Bewertungsspalten „Auftreten und Bedeutung" 10 Punkte vor, müssen in vielen Unternehmen, die FMEA bereits erfolgreich durchführen, auch schon Maßnahmen unternommen werden, egal wie hoch die gesamte RPZ ist.

Empfohlene Abstellmaßnahmen H

Empfohlene Maßnahmen sind während der Arbeitssitzung mit FMEA durch das Team ermittelt worden. Die definierten Prüfmaßnahmen können später als Grundlage für Prüfpläne bzw. Prüfanweisungen dienen. Empfohlene Maßnahmen müssen bezüglich ihrer Umsetzbarkeit, ihrer Kosten und ihrer Wirkung bewertet werden.

Verantwortung und Termin I

Für die Bewertung oder Durchführung der empfohlenen Maßnahmen werden Verantwortlichkeiten und Termine definiert. Ziel ist eine Verfolgung der Umsetzung der Maßnahmen.

Durchgeführte Abstellmaßnahmen J

Durchgeführte Maßnahmen sind im Gegensatz zu empfohlenen Maßnahmen wirklich umgesetzte Maßnahmen. Die in der FMEA dokumentierten Fehler-Folgen-Ursachen-Ketten werden nach Einführung und Durchführung einer Maßnahme erneut bewertet, um die Wirksamkeit und Effektivität zu ermitteln und um notwendigerweise weitere Maßnahmen zu planen und durchzuführen.

Erstellung der FMEA

1. Zu bearbeitendes System auswählen und beschreiben A
2. Relevante Funktionen ermitteln und beschreiben B
3. Mögliche Fehler ermitteln und beschreiben C
4. Mögliche Folgen ermitteln und beschreiben D
5. Mögliche Ursachen ermitteln und beschreiben E
6. Derzeitige Abstellmaßnahmen ermitteln und beschreiben F
7. Auftretenswahrscheinlichkeit des Fehlers abschätzen G
8. Bedeutung der Folgen abschätzen G
9. Entdeckungswahrscheinlichkeiten der Ursache abschätzen G
10. Risikoprioritätszahl berechnen K
11. Maßnahmen ermitteln und empfehlen H
12. Verantwortlichkeit und Termin für empfohlenen Abstellmaßnahmen festlegen I
13. Maßnahmenumsetzung verfolgen
14. Durchgeführte Maßnahmen dokumentieren J
15. Verbesserten Zustand (RPZ) erneut bewerten K

5.5   Statistische Prozessregelung (SPC)

Die wirtschaftlichen Verhältnisse erfordern es, sich um ständige Verbesserung der Qualität und Produktivität zu bemühen. Fehlerhafte Teile festzustellen und auszusortieren (**Taylor'sches Prinzip**) genügt nicht mehr. Ziel ist es, durch vorbeugende Qualitätssicherung die Entstehung von Fehlern frühzeitig zu erkennen und zu vermeiden (**Null-Fehler-Strategie**).

Warum null Fehler?

Zum Nachdenken:

99,9 Prozent richtig ausgeführte Arbeiten in den USA bedeuten im Durchschnitt:
- Jeden Monat während einer Stunde verschmutztes Trinkwasser!
- Zwei unsichere Flugzeuglandungen pro Tag auf dem New Yorker Flughafen!
- 1600 verlorene Postsendungen pro Tag bei der Post!
- 20000 falsche Medikamentenrezepte im Jahr!
- 500 nicht einwandfreie chirurgische Eingriffe in der Woche!
- 22000 vom falschen Konto abgezogene Schecks pro Stunde!

Mit der statistischen Prozessregelung (SPC) steht eine wirksame Methode für die Prozessbeurteilung zur Verfügung. Sie wird angewandt in der Serienfertigung und führt weg von der Fehlerentdeckung zur Fehlervermeidung. Die statistische Prozessregelung zeigt die momentane Produktqualität in der Fertigung auf und sichert diese.

Die Qualität eines Prozesses bzw. Produktes kann mit SPC nicht verbessert werden. Die Anfänge der statistischen Prozessregelung waren im Jahr 1924, als Walter Andrew Shewhart in den USA die Regelkartentechnik einführte.

In einem Fertigungsprozess treten zufällige und systematische Einflüsse auf. Die zufälligen Einflüsse beruhen auf der natürliche Streuung, die während des Prozesses im ungestörten Zustand entsteht (z. B. kleine Temperaturschwankungen). Systematische Einflüsse verschieben die Lage des Prozesses (z. B. Werkzeugverschleiß). Die statistische Prozessregelung erkennt systematische Einflüsse des Prozesses und kompensiert sie.

Der Unterschied zwischen zufälligen und systematischen Einflüssen zeigt sich in deren Ursachen und Wirkungen.

	Systematische Einflüsse	Zufällige Einflüsse
Beispiel Werteverlauf		
Ursachen	Werkzeugverschleiß, falsche Eichung/ Kalibrierung oder Justierung des Messgerätes	Schätzen von Zwischenwerten auf Skalen, begrenztes Auflösungsvermögen des Messzeuges, Fehler durch verschiedene Messpunkte am Prüfling
Wirkungen	unsymmetrische Häufung der Messwerte bei Wiederholung der Messung	symmetrische Häufung der Messwerte um einen bestimmten Wert
Beispiele	falsches Ablesen der Messwerte, Erwärmung der Maschine, konstanter Gerätefehler	Lagerspiel am Messgerät, Eigenheiten eines Prüfers, Luftdruck, Luftfeuchtigkeit, Schwingungen
Maßnahme	Korrekturtabellen, Verwendung unterschiedlicher Messverfahren, Eichung/Kalibrierung bzw. Justierung	Wiederholungsmessung am selben Prüfling
Prozess	Prozess nicht beherrschbar	Prozess beherrschbar

Mit den vom Werker oder automatisch ermittelten Prüfergebnissen während der laufenden Produktion, auch **Onlineprüfung** genannt, werden geschlossene Regelkreise zur optimalen Prozessführung aufgebaut. Zweck ist es, fundierte Kenntnisse über den Prozess zu gewinnen, um diesen effizient und effektiv zu lenken im Hinblick auf die Qualitätsanforderung.

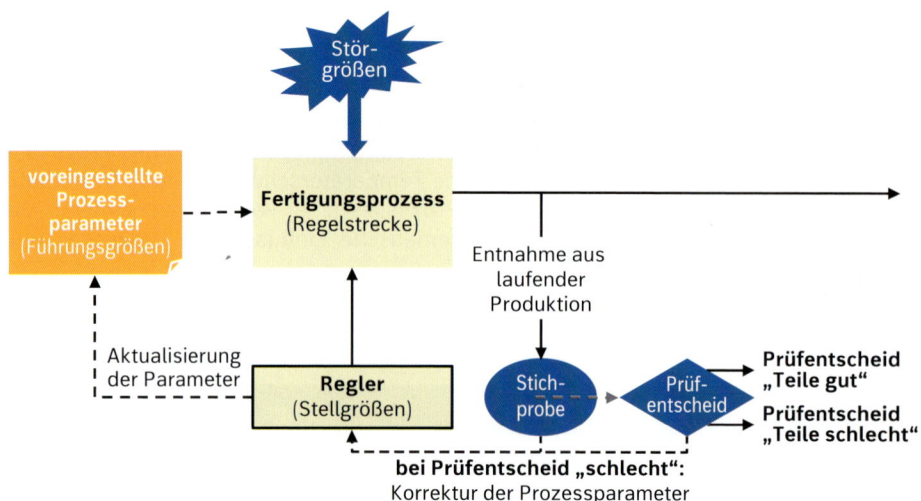

Bild 5.29: Regelkreis

Erläuterung zum Prinzip des Regelkreises:

Ein Fertigungsprozess (Regelstrecke) produziert Teile entsprechend der voreingestellten Prozessparameter (Führungsgrößen), die beim Rüsten der Fertigungsmaschine zum Produktionsstart festgelegt wurden.

Mögliche Störgrößen beeinflussen den Fertigungsprozess und damit die daraus resultierende Teilequalität.

Aus der laufenden Produktion wird nun regelmäßig eine Stichprobe der gefertigten Teile entnommen, um die aktuelle Teilequalität zu prüfen und zu beurteilen.

Die Beurteilung ergibt einen Prüfentscheid, welcher die Teile als „schlecht" oder "gut" definiert. Bei „Teile schlecht" werden die voreingestellten Prozessparameter über die Maschinenregelung (Regler, Stellgröße) korrigiert und für das nächste Fertigungslos aktualisiert.

Bei der statistischen Prozessregelung werden dem Prozess (aus der Grundgesamtheit N) **Stichproben** (k) von gleichem Umfang (n) und in gleichen Zeitabständen entnommen. Die **Grundgesamtheit** ist eine Menge, die endlich oder auch unendlich viele Einheiten umfasst. Beispiel einer endlichen Menge ist die Tagesproduktion von Widerständen. Bei der Fertigungsüberwachung geht man meist von unendlich vielen Einheiten, z. B. Drehteilen, aus. Stellvertretend für die Grundgesamtheit steht die Stichprobe. Sie ermöglicht ein wirtschaftliches Prüfen. Bei Entnahme der Stichprobe müssen alle Einheiten der Stichprobe direkt hintereinander gefertigt worden sein. Während der Datenerhebung darf der Prozess nicht beeinflusst oder verändert werden. Spiegeln die Daten den natürlichen Verlauf wider, ergibt sich für jede Stichprobe eine Normalverteilung der Messwerte. Ansonsten entstehen andere Formen der Verteilung, die hier nicht näher besprochen werden.

5.5.1 Die Normalverteilung

Aus den ermittelten Daten einer Stichprobe bildet man **Qualitätsfähigkeitskenngrößen**. Mithilfe dieser Kenngrößen wird die Qualitätsfähigkeit eines Prozesses im Hinblick auf ein betrachtetes Produktmerkmal abgeschätzt. Die Prozessparameter „Mittelwert" und „Standardabweichung" bzw. „Spannweite" werden berechnet. Der Prozessparameter **„Mittelwert"** beschreibt die Lage des Prozesses, die **„Standardabweichung"** weist die Streuung des Prozesses nach. Will man die Stichprobe grafisch darstellen, wird aus dem Mittelwert $\bar{x}$ (gesprochen x-quer) und der Standardabweichung s die Normalverteilung (früher **Gauß'sche Glockenkurve** genannt) berechnet. Die Glockenkurve ist also durch die Parameter „Mittelwert" $\bar{x}$ oder μ und „Standardabweichung" s oder σ bestimmt.

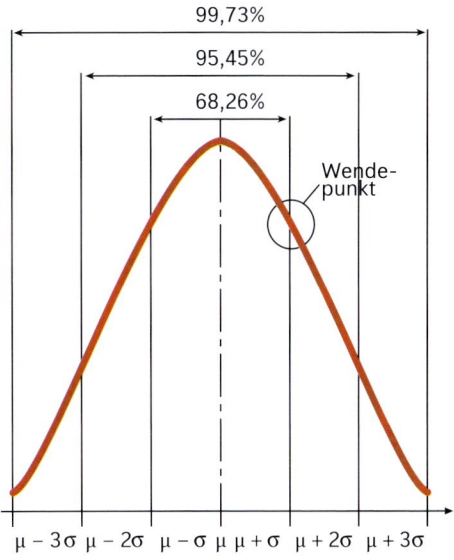

Bild 5.30: Normalverteilung als Wahrscheinlichkeitsdichtefunktion

Wird eine 100 %-Prüfung durchgeführt, ergeben sich die Parameter **Prozessmittelwert** μ und die **Prozessstandardabweichung** σ. Diese errechnen sich aus den Daten der Grundgesamtheit.

Die Prozessparameter einer großen bzw. unendlichen Grundgesamtheit werden mithilfe des Mittelwertes $\bar{x}$ und der Standardabweichung s abgeschätzt. Sie werden mit dem **geschätzten Prozessmittelwert** $\hat{\mu}$ und der **geschätzten Prozessstandardabweichung** $\hat{\sigma}$ bezeichnet. Die Prozessparameter werden somit aus Vorlaufswerten, d. h. aus Stichprobenergebnissen, geschätzt. Sie können aber auch als Erfahrungswerte bekannt oder als Sollwerte gegeben sein. Sind systematische Einflüsse nicht vorhanden, so ist die Häufigkeit von unendlich vielen Messwerten in unendlich schmalen Klassen in den meisten Fällen eine Normalverteilung (früher Gauß'sche Glockenkurve genannt).

Weiter gilt: $\mu \pm 4\sigma \Rightarrow 99{,}994 \%$ etc.

Die Prozentzahlen ergeben sich aus dem Flächenanteil zwischen den beiden Grenzwerten unter der Kurve. Sind Mittelwert $\bar{x}$ und Standardabweichung s einer normalverteilten Stichprobe bekannt, so ist es möglich, den Anteil aller Teile, aus denen die Stichprobe entnommen wurde **(Grundgesamtheit),** vorauszusagen, wenn sie zwischen zwei Grenzen (z. B. + 4s und – 4s) liegen. In dem Bereich + 4s und – 4s der normal verteilten Stichprobe liegen beispielsweise 99,994 % aller Teile der Produktion. Es sind 0,003 % aller Teile größer und 0,003 % aller Teile kleiner als die Grenzwerte. Außerdem kann man eine Aussage über den weiteren Verlauf eines Prozesses machen, ohne diesen 100%ig erprüfen zu müssen.

Der **Zufallsstreubereich P** ist der Bereich, in dem die Stichprobenergebnisse oder die daraus errechneten Stichprobenkennwerte zu erwarten sind. Der Zufallsstreubereich wird mit P = 1 – a bezeichnet. Die **Irrtumswahrscheinlichkeit** a beschreibt den

Bereich, in dem die Werte außerhalb des Zufallsstreubereiches auftreten. Die gesamte Fläche unter der Kurve $\int G(x)$ beinhaltet alle Ergebnisse, d. h., sie stellt die Wahrscheinlichkeit von 100 % oder 1 dar.

$$\int G(x) = P + \frac{a}{2} + \frac{a}{2} = 1 - a + \frac{a}{2} + \frac{a}{2} = 1$$

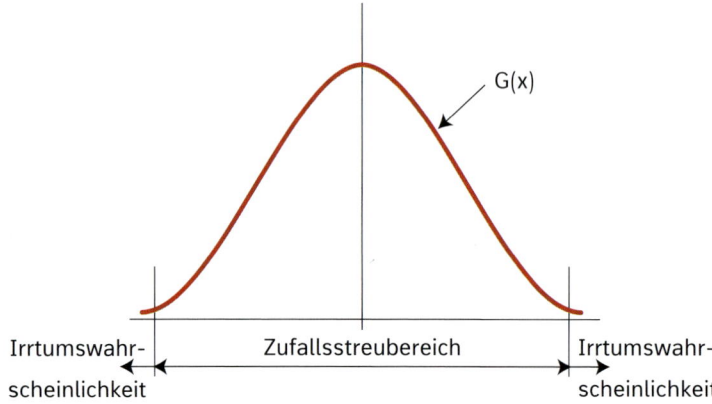

Bild 5.31: Bereiche einer Normalverteilung

Das folgende Bild zeigt verschiedene Lagen und Streuungen dreier Stichproben. Jede Normalverteilung (Glockenkurve) spiegelt eine Stichprobenauswertung wider.

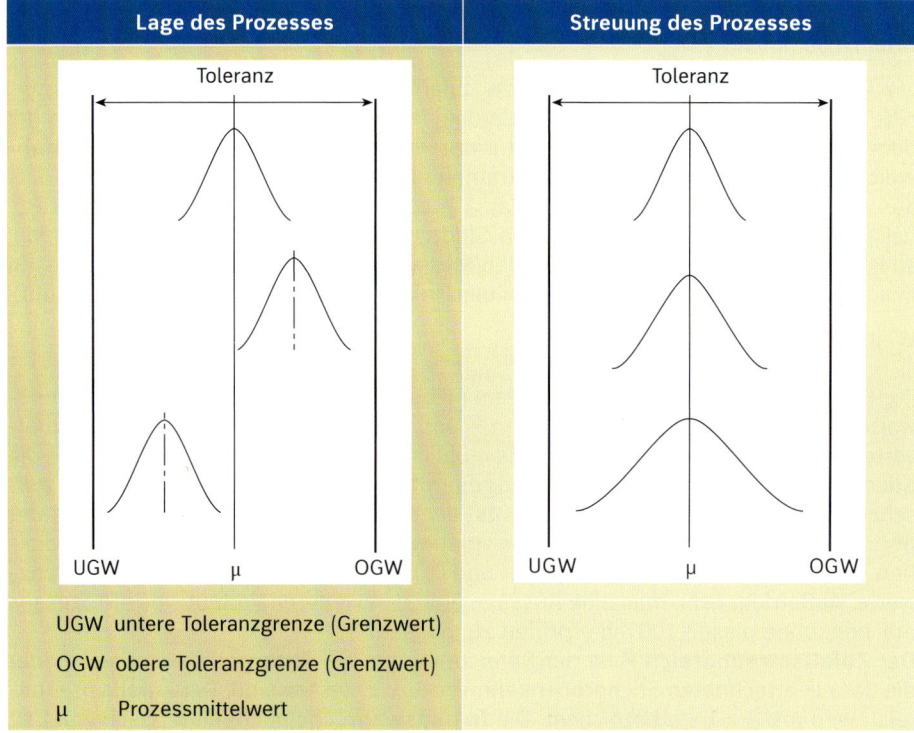

Bild 5.32: Ein Prozess wird durch seine Lage und seine Streuung beschrieben.

Soll ein Prozess bewertet werden, sind mehrere Stichproben notwendig. Dies geschieht in der Prozessfähigkeitsuntersuchung (siehe Kapitel 5.5.5.3).

Formeln der Statistik[1]

Die folgenden Formeln haben nur Gültigkeit, wenn die ermittelten Messwerte *normalverteilt* sind. Der Nachweis einer Normalverteilung erfolgt u. a. mit dem Histogramm. Die Balken müssen ungefähr den Verlauf einer Glockenkurve aufweisen.

	Errechnete Kennwerte aus der Stichprobe	Geschätzte Prozessparameter[2], bezogen auf die Grundgesamtheit	Prozessparameter der Grundgesamtheit
Berechnung der Lage:	Mittelwert: $\bar{x}$: $$\bar{x} = \frac{\text{Summe aller erfassten Messwerte}}{\text{Anzahl aller erfassten Messwerte}}$$ $$\bar{x} = \frac{\sum\limits_{i=1}^{n} x_i}{n}$$ n Stichprobenprüfung $i=1 \dots n$ Einzelmesswerte x_i einzelner Messwert	geschätzter Prozessmittelwert $\hat{\mu}$: $$\hat{\mu} = \frac{\text{Summe aller Mittelwerte der Stichprobe}}{\text{Anzahl der Mittelwerte}}$$ $$\hat{\mu} = \bar{\bar{x}} = \frac{\sum\limits_{j=1}^{k} \bar{x}_j}{k}$$ $\bar{\bar{x}}$　Mittelwert der Mittelwerte k　Anzahl der Mittelwerte	Prozessmittelwert μ: $$\bar{x} \xrightarrow{\hat{\mu}} \mu$$
Berechnung der Streuung:	Standardabweichung s: $$s = \sqrt{\frac{\sum\limits_{i=1}^{n}(x_i - \bar{x})^2}{n-1}}$$	geschätzte Prozessstandardabweichung $\hat{\sigma}$: $$\hat{\sigma} = \sqrt{\bar{s}^2} = \sqrt{\frac{\sum\limits_{j=1}^{k} s_j^2}{k}}$$ oder $$\hat{\sigma} = \frac{\bar{s}}{c_4} = \frac{\sum\limits_{j=1}^{k} s_j}{k \cdot c_4}$$ oder $$\hat{\sigma} = \frac{\bar{R}}{d_2} = \frac{\sum\limits_{j=1}^{k} R_j}{k \cdot d_2}$$	Prozessstandardabweichung σ: $$s \xrightarrow{\hat{\sigma}} \sigma$$

---

[1] Es sind nur die Formeln aufgeführt, die für das Verständnis in diesem Kapitel notwendig sind.

[2] Im Folgenden werden Schätzwerte für Parameter durch ein ∧ (Dach) über dem Formelzeichen des entsprechenden Parameters gekennzeichnet.

	Errechnete Kennwerte aus der Stichprobe	Geschätzte Prozessparameter[2], bezogen auf die Grundgesamtheit	Prozessparameter der Grundgesamtheit
	Stichprobenvarianz s^2: $$s^2 = \frac{\sum\limits_{i=1}^{n}(x_i - \bar{x})^2}{n-1}$$		
	Spannweite (Range) R: $R = x_{max} - x_{min}$ x_{max}: größter Messwert x_{min}: kleinster Messwert		

Tabelle[1] zur Berechnung der geschätzten Prozessstandardabweichung $\hat{\sigma}$:

Stichprobenumfang n	Faktor c_4	Faktor d_2
2	0,7979	1,128
3	0,8862	1,693
4	0,9213	2,059
5	0,9400	2,326
6	0,9515	2,543
7	0,9594	2,704
8	0,9650	2,847
9	0,9693	2,970
10	0,9727	3,078

Hinweis: Die Faktoren c_4 und d_2 sind abhängig vom Stichprobenumfang n tabelliert.

Leitbeispiel 1 *„Drehteil"*

Das gezeichnete Drehteil wird in einer Serienproduktion hergestellt.

Bild 5.33: Drehteil

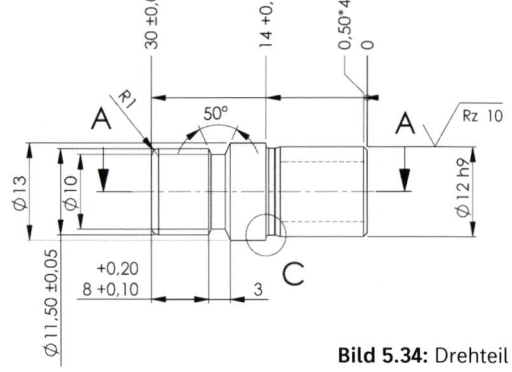

Bild 5.34: Drehteil

---

[1] Tabelle nach VDA

Die Produktionsdauer dieses fertigen Drehteils dauert 20 Sekunden. Während des Fertigungsprozesses werden alle zwei Stunden (7200 s) Stichproben mit einem Stichprobenumfang von n = 5 Drehteile entnommen. Somit wurden innerhalb des Zeitraumes der ersten Stichprobe 360 Drehteile produziert.

$$Anzahl_{Drehteile} = \frac{7200\,s}{20\,s} = 360\ Drehteile$$

Die Toleranzgrenzen des qualitätsrelevanten Merkmals sind: OGW = 11,55 mm, UGW = 11,45 mm. Bei der Messung der fünf Drehteile ergaben sich folgende Messwerte:

Messprotokoll „Drehteil" (Alle Messwerte sind in mm angegeben.)

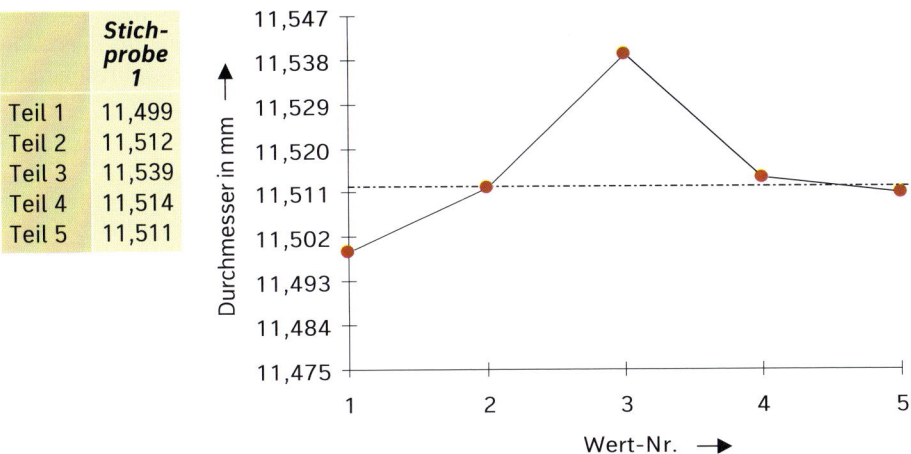

	Stich-probe 1
Teil 1	11,499
Teil 2	11,512
Teil 3	11,539
Teil 4	11,514
Teil 5	11,511

Bild 5.35: Verlaufsdiagramm „Durchmesser des Drehteils" (5 Messwerte)

Hinweis: Dem Protokoll können Sie entnehmen, dass die Ist-Maße einiger Werkstücke vom Nennmaß abweichen. Diese Abweichungen werden als Streuung bezeichnet.

Um die Normalverteilung zu erhalten, benötigt man den Mittelwert und die Streuung der Stichprobe. Mit der folgenden Berechnung erhält man diese beiden Werte. Ergebnisse des Mittelwertes $\bar{x}$, der Spannweite **R** und der Standardabweichung **s**:

Stichprobe 1:	
$\bar{x}$	$\bar{x} = \dfrac{\sum\limits_{i=1}^{n} x_i}{n} = \dfrac{11{,}499 + 11{,}512 + 11{,}539 + 11{,}514 + 11{,}511}{5} = 11{,}515$
R	$R = x_{max} - x_{min} = 11{,}539 - 11{,}499 = 0{,}040$

Stichprobe 1:

$$s = \sqrt{\frac{\sum_{i=1}^{n}(x_i - \bar{x})^2}{n-1}}$$

$$s = \sqrt{\frac{(11{,}499 - 11{,}515)^2 + (11{,}512 - 11{,}515)^2 + (11{,}539 - 11{,}515)^2 + (11{,}514 - 11{,}515)^2 + (11{,}511 - 11{,}515)^2}{5-1}}$$

$$s = 0{,}015$$

Nach der Entnahme der ersten Stichprobe wurde der Lageparameter $\bar{x}$ = 11,515 mm und der Streuungsparameter s = 0,015 mm berechnet.

Eine Anwendung der Normalverteilung ist die Ausschussberechnung einer statistisch überwachten Fertigung mit einer gewissen Wahrscheinlichkeit (eine 100%ige Aussage setzt eine 100%ige Prüfung voraus). In dem Leitbeispiel bedeutet dies: Wie viele der Drehteile sind innerhalb des ersten Produktionsabschnittes wahrscheinlich außerhalb der Toleranz?

5.5.2 Ausschussberechnung mithilfe der Normalverteilung

Der Ausschuss wird über die Toleranzgrenzen bestimmt. Im Leitbeispiel sind die Toleranzgrenzen OTG = 11,550 mm und UTG = 11,450 mm.

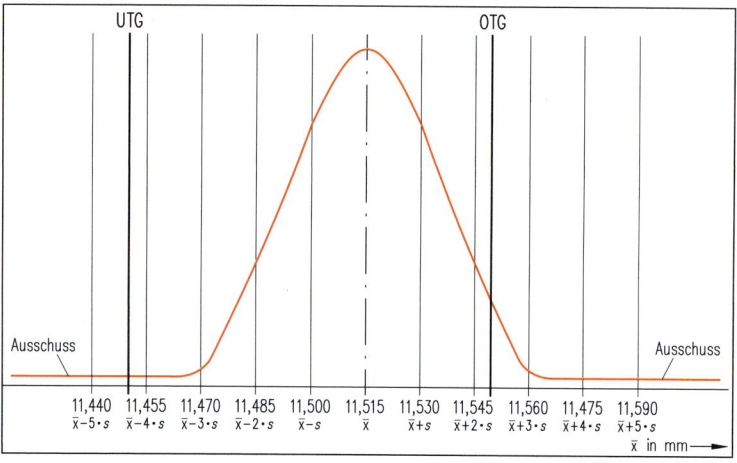

Bild 5.36: Normalverteilung zur ersten Stichprobe

Für die Berechnung des Ausschusses wird die Normalverteilung standardisiert. Die x-Achse wird in der standardisierten Normalverteilung zu einer u-Achse. Die u-Achse ist einheitslos und kann somit für sämtliche Prozesse in z. B. der Fertigungstechnik, der Elektrotechnik oder der Chemiebranche angewandt werden.

Der Ausschuss wird in der standardisierten Normalverteilung mit $Q(u)$ bezeichnet und beschreibt einen Flächenanteil (wie bereits im Kapitel 5.5.1 beschrieben) unter der Normalverteilung. Dieser Anteil wird in Prozent angegeben.

Die Formel zum Transformieren in eine Standard-Normalverteilung ist:

$$u = \frac{\chi - \mu}{\sigma}$$

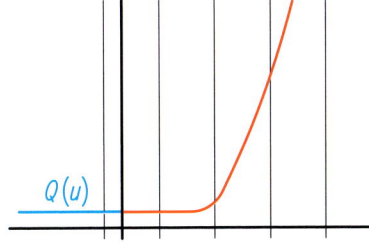

Bild 5.37: Ausschussanteil

Im Folgenden ist eine standardisierte Normalverteilung mit den errechneten Werten auf der u-Achse dargestellt. Die u-Achse hat aufgrund der Formel keine Einheiten, da sich diese herauskürzen. Der μ-Wert entspricht $\overline{x}$ = 11,515 mm und der σ-Wert s = 0,015 mm aus der berechneten Stichprobe.

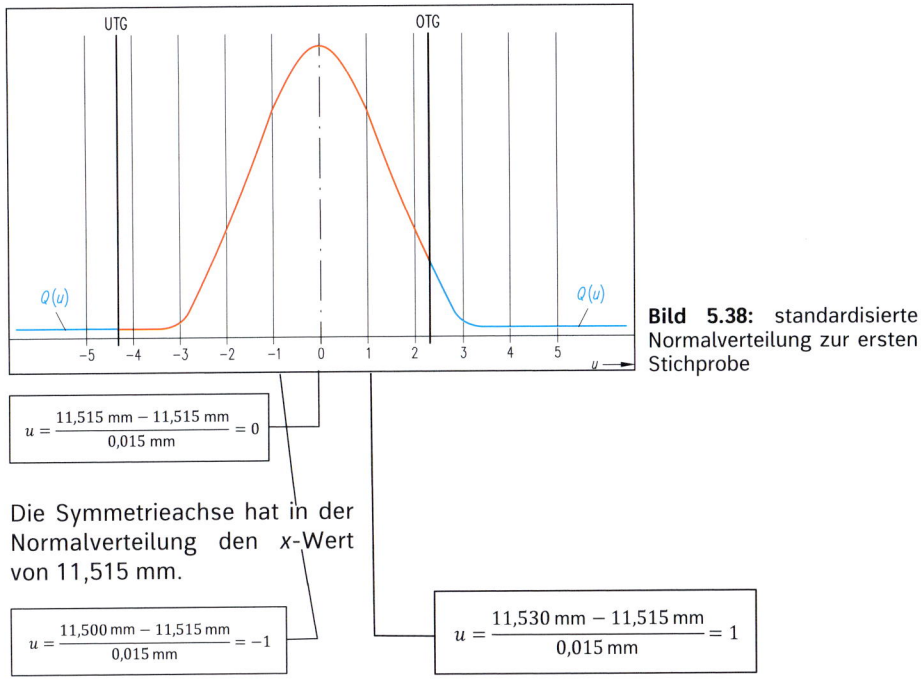

Bild 5.38: standardisierte Normalverteilung zur ersten Stichprobe

$$u = \frac{11{,}515 \text{ mm} - 11{,}515 \text{ mm}}{0{,}015 \text{ mm}} = 0$$

Die Symmetrieachse hat in der Normalverteilung den x-Wert von 11,515 mm.

$$u = \frac{11{,}500 \text{ mm} - 11{,}515 \text{ mm}}{0{,}015 \text{ mm}} = -1$$

$$u = \frac{11{,}530 \text{ mm} - 11{,}515 \text{ mm}}{0{,}015 \text{ mm}} = 1$$

Diese Berechnung transformiert die Stelle 11,500 mm in der Normalverteilung.

Diese Berechnung transformiert die Stelle 11,530 mm in der Normalverteilung.

83

Um den unteren und oberen Ausschussanteil zu bestimmen, werden zunächst die untere und die obere Toleranzgrenze auf die u-Achse transformiert, d.h.
x = UTG = 11,450 mm bzw. x = OTG = 11,550 mm.

$$u_{UTG} = \frac{11,450\,\text{mm} - 11,515\,\text{mm}}{0,015\,\text{mm}} = -4,33$$

$$u_{OTG} = \frac{11,550\,\text{mm} - 11,515\,\text{mm}}{0,015\,\text{mm}} = 2,33$$

Als nächstes werden nun die Flächenanteile ermittelt. Dazu benötigt man die Tabelle „standardisierte Normalverteilung (u-Verteilung)", aus der die Zahlenwerte abgelesen und in Prozentzahlen umgerechnet werden. Diese Tabelle kann im Internet aufgerufen werden. Die hier abgebildeten Tabellen sind nur ein Auszug.
Berechnung des unteren Ausschussanteiles $Q(u)_{unten}$:

u	G(u)	Q(u)	G(u)–Q(u)
4,09	0,99998	0,00002	0,99996
4,10	0,99998	0,00002	0,99996
4,11	0,99998	0,00002	0,99996
...	0,99998	0,00002	0,99996
...	0,99998	0,00002	0,99996
4,33	0,99998	0,00002	0,99996
...	0,99998	0,00002	0,99996

$$Q(u)_{unten} = 0,00002 \cdot 100\,\% = 0,002\,\%$$

Hinweis: Ab einem u-Wert größer als 4,09 ändern sich die Zahlenwerte mit bis zu fünf Stellen hinter dem Komma nicht mehr.

Bei u = 4,33 (entspricht dem –4,33, da sich die Normalverteilung symmetrisch verhält) wird in der Spalte $Q(u)$ der Zahlenwert 0,00002 abgelesen. Die entsprechende Prozentzahl des unteren Ausschussanteils ergibt sich durch multiplizieren des Zahlenwertes mit 100 %.

Berechnung des oberen Ausschussanteiles $Q(u)_{oben}$:

u	G(u)	Q(u)	G(u)-Q(u)
2,30	0,98928	0,01072	0,97855
2,31	0,98956	0,01044	0,97911
2,32	0,98983	0,01017	0,97966
2,33	0,99010	0,00990	0,98019
2,34	0,99036	0,00964	0,98072
2,35	0,99061	0,00939	0,98123
2,36	0,99086	0,00914	0,98173

$$Q(u)_{oben} = 0,00990 \cdot 100\,\% = 0,99\,\%$$

Bei u = 2,33 wird in der Spalte $Q(u)$ der Zahlenwert 0,00990 abgelesen. Die entsprechende Prozentzahl des oberen Ausschussanteils ergibt sich durch multiplizieren des Zahlenwertes mit 100 %.

Berechnung des gesamten Ausschussanteiles $Q(u)_{gesamt}$:

$$Q(u)_{\textbf{gesamt}} = Q(u)_{\textbf{unten}} + Q(u)_{\textbf{oben}} = 0,002\,\% + 0,99\,\% = 0,992\,\%$$

Zum Schluss wird die Anzahl der schadhaften Drehteile berechnet. Es wurden – wie oben berechnet – 360 Drehteile produziert. Hiervon sind 0,992 % fehlerhaft. Das ergibt innerhalb des ersten Produktionsabschnittes eine Wahrscheinlichkeit von vier fehlerhaften Drehteilen.

$$Anzahl_{\text{Ausschuss}} = \frac{0,992\,\% \cdot 360 \text{ Drehteile}}{100\,\%} = 3,5712 \text{ Drehteile}$$

Leitbeispiel 2   *„Elektrischer Widerstand":*
Der dargestellte elektrische Widerstand soll in einer Serienproduktion hergestellt werden. Zum Beurteilen der Maschine und des Prozesses werden im Prozessvorlauf 50 Widerstände hergestellt und zu 100 % gemessen.

Bild 5.39: Elektrischer Widerstand (R = 270 Ω, Toleranz = ± 5 %)

Die Toleranzgrenzen des elektrischen Widerstandes sind: OGW = 283,5 Ω, UGW = 256,5 Ω. Bei der Messung des Widerstandes ergaben sich folgende Messwerte:
Messprotokoll „Elektrischer Widerstand" (Alle Messwerte sind in Ω angegeben)

Mess-reihe 1	Mess-reihe 2	Mess-reihe 3	Mess-reihe 4	Mess-reihe 5	Mess-reihe 6	Mess-reihe 7	Mess-reihe 8	Mess-reihe 9	Mess-reihe 10
269	266	264	269	264	268	272	271	269	269
268	269	267	266	269	266	269	270	268	266
267	270	266	266	267	266	268	267	269	269
267	266	265	270	266	265	269	263	269	265
268	268	268	267	268	266	268	269	267	268

Hinweis: Dem Protokoll können Sie entnehmen, dass die Ist-Maße einiger Widerstände vom Nennwert abweichen. Diese Abweichungen werden als Streuung bezeichnet.

Ergebnisse des Mittelwertes **µ**, der Spannweite **R** und der Standardabweichung **σ**:

	100 %-Prüfung
µ	267,52
R	9,000
σ	1,854

Das Verlaufsdiagramm (Bild 5.12), das Histogramm (Bild 5.17) und die Strichliste (Bild 5.8) zu den Messwerten sind im Kapitel 5.2 dargestellt.

5.5.3   Das Wahrscheinlichkeitsnetz

Durch die Übertragung der Werte aus der Verteilungskurve in ein **Wahrscheinlichkeitsnetz** wird die Kurve zu einer Geraden verzerrt, die man **Wahrscheinlichkeitsgerade** nennt.

Vorteile gegenüber der Verteilungskurve:

- Die Wahrscheinlichkeitsgerade lässt sich aus den Messwerten einfacher zeichnen als die Verteilungskurve.
- An der Wahrscheinlichkeitsgeraden lässt sich sofort erkennen, ob eine Normalverteilung vorliegt (alle Punkte müssen in der Nähe der Geraden liegen).
- Die Wahrscheinlichkeitsgerade erleichtert die Interpolation (Zwischenwertbildung) und die Extrapolation (Werte außerhalb von vorhandenen Punkten bestimmen) der ermittelten Werte.
- Durch die Interpolation und die Extrapolation wird die Beurteilung z. B. der Maschinenfähigkeit erleichtert.

Wie wird die Wahrscheinlichkeitsgerade ermittelt?

Die Wahrscheinlichkeitsgerade wird mit den Werten der Strichliste bzw. des Histogrammes ermittelt.

Beachte: Bevor Sie die Berechnungen beginnen, überprüfen Sie zuerst visuell, ob die Form des Histogrammes allgemein einer Normalverteilung entspricht. Wenn nicht, müssten Sie eine andere geeignete Methode wie die Weibull-Verteilung wählen.

Erstellen der Wahrscheinlichkeitsgeraden

1. Messen Sie die von der Maschine bearbeiteten Teile und tragen Sie die Messwerte in der produzierten Reihenfolge in die Tabelle auf dem Formular „Wahrscheinlichkeitsnetz" ein (siehe Messprotokoll „Drehteil").
2. Erstellen Sie die dazugehörige Strichliste (siehe Strichliste „Durchmesser des Drehteils").
3. Überprüfen Sie, ob die Form der aufgetragenen Strichliste (des Histogrammes) einer Gauß'schen Glockenkurve entspricht. Ist dies der Fall, sind die erfassten Messwerte normalverteilt und das Wahrscheinlichkeitsnetz kann konstruiert werden.

4. Addieren Sie die einzelnen Striche in den jeweiligen Klassen und tragen Sie die Summe in die Spalte „f" ein. Addieren Sie die Summen von unten nach oben auf und tragen Sie dann die Ergebnisse in die Spalte „Σ f" (absolute Summenhäufigkeit) ein. Rechnen Sie diese Ergebnisse in Prozentwerte um und tragen Sie diese in die Spalte „Σ f %" (relative Summenhäufigkeit) ein.

5. Zeichnen Sie die Toleranzgrenzen (OGW und UGW) als durchgezogene Linie in das Wahrscheinlichkeitsnetz ein.

6. Berechnen Sie die +3s-Linie mit $\bar{\bar{x}} + 3 \cdot s$ und die −3s-Linie mit $\bar{\bar{x}} - 3 \cdot s$. Zeichnen Sie diese Linien als gestrichelte Linien in das Wahrscheinlichkeitsnetz ein. Das gleiche Ergebnis erhalten Sie, wenn Sie die +3s-Linie bei 99,73 % und die −3s-Linie bei 0,27 % einzeichnen.

7. Konstruieren Sie die Wahrscheinlichkeitsgerade wie folgt:

a) Übertragen Sie die Prozentwerte entlang der Pfeile in das Wahrscheinlichkeitsnetz. Die Schnittpunkte ergeben sich aus der Prozentzahl auf der x-Achse mit der dazugehörenden Klassenweite auf der y-Achse.

b) Nach Bestimmung aller Punkte zeichnen (interpolieren) Sie eine Gerade bester Näherung. Verlängern (extrapolieren) Sie diese Gerade bis zu den vertikalen ±3s-Linien bzw. ±4s-Linien.

c) Ermöglicht sich keine gute Näherung, sind die Messwerte nicht normalverteilt.

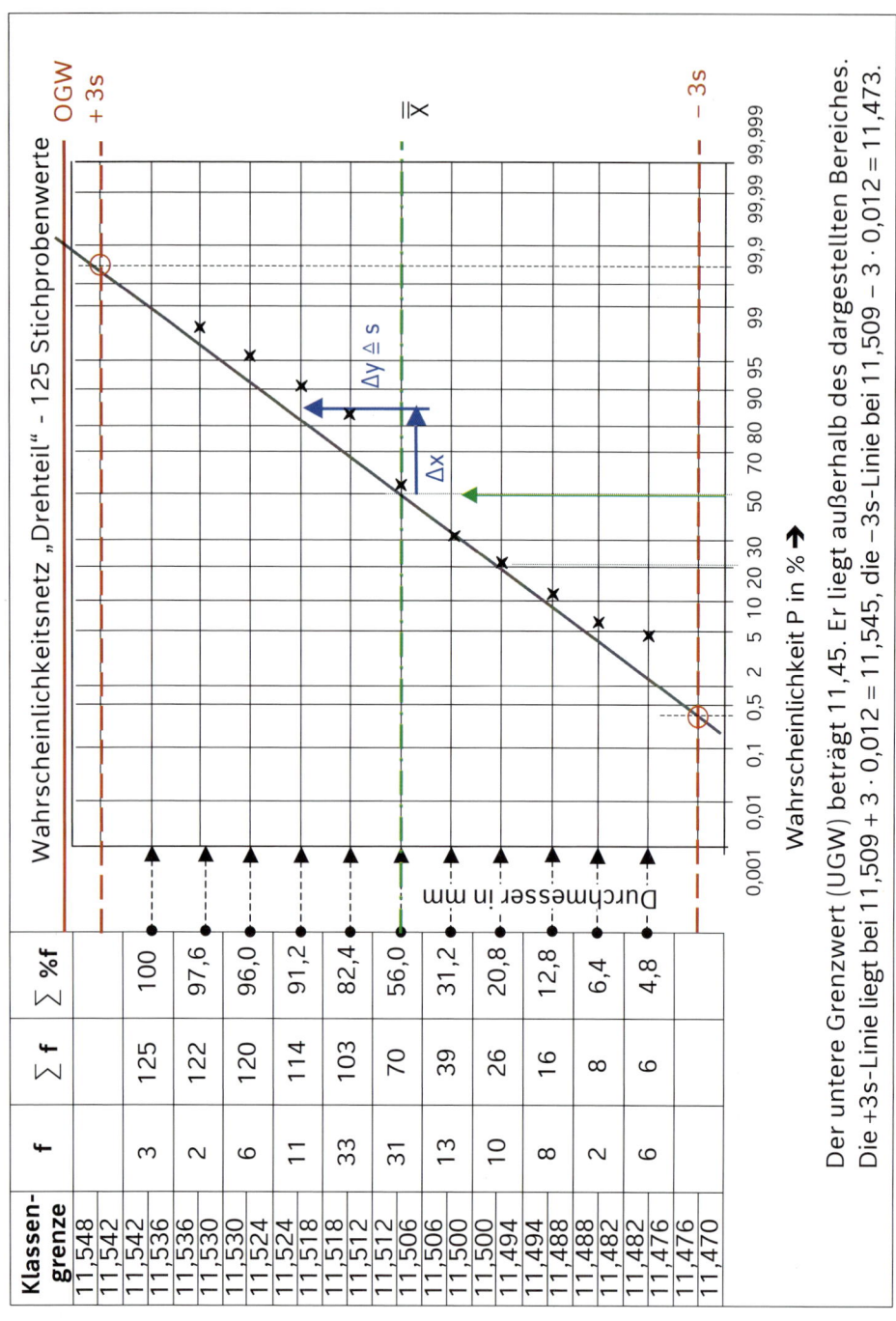

Bild 5.40: Wahrscheinlichkeitsnetz

Die Konstruktion der Wahrscheinlichkeitsgerade basiert auf den 125 Messwerten, die im Messprotokoll in Kapitel 5.5.5.3 dargestellt sind.

Abgelesene Werte aus dem Wahrscheinlichkeitsnetz

Der Prozessmittelwert $\overline{\overline{x}}$ liegt bei 11,509 mm. Der s-Wert ergibt über das Steigungsdreieck 0,011 mm. Um das Steigungsdreieck zu konstruieren, zeichnen Sie für Δx eine Gerade von 50 % bis 84 % (50 % + s = 50 % + 34,14 %, wobei s = 34,14 % entspricht). Die Senkrechte y entspricht dem s-Wert.

Interpretation der Wahrscheinlichkeitsgeraden

- Befinden sich die Schnittpunkte der Wahrscheinlichkeitsgeraden mit den ±4s-Linien innerhalb der Toleranzgrenzen, ist die Maschine fähig. Der Prozess ist fähig, wenn sich die Schnittpunkte mit den ±3s-Linien innerhalb der Toleranzgrenzen befindet.
- Schneidet die Gerade eine oder beide Toleranzgrenzen innerhalb des ±4s- bzw. ±3s-Bereiches, ist die Maschine bzw. der Prozess nicht fähig.

Eigenschaften der Wahrscheinlichkeitsgeraden

- Durch Parallelverschiebung der Wahrscheinlichkeitsgeraden wird die Lage (Mittelwert) verschoben, d. h., Nachstellen der Maschine.
- Die Steigung der Wahrscheinlichkeitsgeraden verhält sich proportional zur Streuung der Messwerte. Ein steiler Verlauf der Geraden deutet auf eine große Streuung hin. Ein flacher Verlauf hingegen verweist auf eine kleine Streuung der Messwerte. Mithilfe des Steigungsdreiecks kann der s-Wert bestimmt werden.
- Der Mittelwert $\overline{x}$ ergibt sich aus dem Schnittpunkt der 50 %-Vertikalen mit der Wahrscheinlichkeitsgeraden.

5.5.4 Der Vertrauensbereich

Durch die Berechnung der Parameter Mittelwert $\overline{x}$ und Standardabweichung s für die jeweilige Stichprobe erhalten Sie einen Schätzwert für die Charge bzw. Grundgesamtheit, der Sie die jeweilige Stichprobe entnommen haben. Wollten Sie die tatsächlichen Werte einer Charge bzw. Grundgesamtheit erhalten, müssten Sie eine 100 %-Prüfung durchführen. Es wird daher ausgehend von der Stichprobe ein Bereich berechnet, in dem der tatsächliche Mittelwert μ und die Standardabweichung σ mit hoher Wahrscheinlichkeit liegen. Die Wahrscheinlichkeit, mit der die Parameter der Charge bzw. Grundgesamtheit in diesem Bereich liegen, heißt Vertrauensbereich und wird mit $P = 1 - \alpha$ bezeichnet. Der Vertrauensbereich wird im Normalfall mit einer Wahrscheinlichkeit von 95 % (**Vertrauensniveau** P = 0,95) oder von 99 % (Vertrauensniveau P = 0,99) berechnet. Das Vertrauensniveau ist nach technischen und wirtschaftlichen Gesichtspunkten vor Beginn der Untersuchung festzulegen. Der Vertrauensbereich kann zweiseitig, einseitig nach oben oder einseitig nach unten abgegrenzt berechnet werden. Die Abgrenzung kann nach Toleranzvorgabe oder nach Vorzugsrichtung, z. B. Fertigungsprobleme bei zu großem Mittelwert, erfolgen.

Formeln für die Berechnung des Vertrauensbereiches

Die Formeln sind nur gültig zur Berechnung des Mittelwertes μ und der Standardabweichung σ einer Normalverteilung zu dem Stichprobenergebnis $\overline{x}$ und s bei dem Stichprobenumfang n und bei zweiseitiger Abgrenzung.

Berechnung der Lage μ	Berechnung der Standardabweichung σ
$\overline{x} - \dfrac{t \cdot s}{\sqrt{n}} \leq \mu \leq \overline{x} + \dfrac{t \cdot s}{\sqrt{n}}$	$\kappa_{un} \cdot s \leq \sigma \leq \kappa_{ob} \cdot s$

Tabellenauszug[1] 1 zur Berechnung des zweiseitig begrenzten Vertrauensbereiches für das Vertrauensniveau von 0,95:

Stichprobenumfang n	Freiheitsgrad f = n – 1	Faktor t	Faktor κ_{un}	Faktor κ_{ob}
2	1	12,706	0,446	31,91
3	2	4,303	0,521	6,28
4	3	3,182	0,566	3,73
5	4	2,776	0,599	2,87
6	5	2,571	0,624	2,45
7	6	2,447	0,644	2,20
8	7	2,365	0,661	2,04
9	8	2,306	0,675	1,92
10	9	2,262	0,668	1,83

Tabellenauszug[1] 2 zur Berechnung des zweiseitig begrenzten Vertrauensbereiches für das Vertrauensniveau von 0,99:

Stichprobenumfang n	Freiheitsgrad f = n – 1	Faktor t	Faktor κ_{un}	Faktor κ_{ob}
2	1	63,657	0,356	159,58
3	2	9,952	0,434	14,12
4	3	5,841	0,483	6,47
5	4	4,604	0,519	4,40
6	5	4,032	0,546	3,48
7	6	3,707	0,569	2,98
8	7	3,500	0,588	2,66
9	8	3,355	0,604	2,44
10	9	3,250	0,618	2,28

Hinweis: Die Faktoren t, κ_{un} und κ_{ob} sind abhängig vom Stichprobenumfang n tabelliert. Ausführliche Tabellen der Zahlenwerte t, κ_{un} und κ_{ob} für n > 10, auch für andere Niveaus, sind in DIN 55303 Teil 2 und in der Fachliteratur zu finden.

Bei einseitiger Abgrenzung werden bei der Berechnung des Vertrauensbereiches andere Tabellen benötigt, die hier nicht aufgeführt sind.

Leitbeispiel 1 *„Drehteil":*
Berechnung des zweiseitigen Vertrauensbereiches mit dem Vertrauensniveau P = 0,95 für die Stichprobe 1 mit n = 5, $\bar{x}$ = 11,515 mm und s = 0,015 mm.

---

[1] Tabelle nach DGQ

Berechnung des Mittelwertes μ:	Faktor t = 2,776 (aus obiger Tabelle 1 unter Zeile n = 5 abgelesen)

$$\overline{x} - \frac{t \cdot s}{\sqrt{n}} \leq \mu \leq \overline{x} + \frac{t \cdot s}{\sqrt{n}}$$

$$11{,}515 \text{ mm} - \frac{2{,}776 \cdot 0{,}015 \text{ mm}}{\sqrt{5}} \leq \mu$$

$$\leq 11{,}515 \text{ mm} + \frac{2{,}776 \cdot 0{,}015 \text{ mm}}{\sqrt{5}}$$

11,515 mm − 0,01862 mm ≤ μ ≤ 11,515 + 0,01862 mm

11,4964 mm ≤ μ ≤ 11,5336 mm

Man kann nun sagen, dass mit 95 % Wahrscheinlichkeit der wahre Mittelwert μ innerhalb des Bereiches 11,4964 mm ≤ μ ≤ 11,5336 mm liegt.

Berechnung der Standard- abweichung σ:	Faktor κ_{un} = 0,599 Faktor κ_{ob} = 2,87 (aus obiger Tabelle 1 unter Zeile n = 5 abgelesen)

$\kappa_{un} \cdot s \leq \sigma \leq \kappa_{ob} \cdot s$

0,599 · 0,015 mm ≤ σ ≤ 2,87 · 0,015 mm

0,00899 mm ≤ σ ≤ 0,04305 mm

Man kann nun sagen, dass mit 95 % Wahrscheinlichkeit die wahre Standardabweichung σ innerhalb des Bereiches 0,00899 mm ≤ σ ≤ 0,04305 mm liegt.

Berechnung des zweiseitigen Vertrauensbereiches mit dem Vertrauensniveau P = 0,99 für die Stichprobe mit n = 5, $\overline{x}$ = 11,515 mm und s = 0,015 mm.

Berechnung des Mittelwertes μ:	Faktor t = 4,604 (aus obiger Tabelle 2 unter Zeile n = 5 abgelesen)

$$\overline{x} - \frac{t \cdot s}{\sqrt{n}} \leq \mu \leq \overline{x} + \frac{t \cdot s}{\sqrt{n}}$$

$$11{,}515 \text{ mm} - \frac{4{,}604 \cdot 0{,}015 \text{ mm}}{\sqrt{5}} \leq \mu$$

$$\leq 11{,}515 \text{ mm} + \frac{4{,}604 \cdot 0{,}015 \text{ mm}}{\sqrt{5}}$$

11,515 mm − 0,03088 mm ≤ μ ≤ 11,515 mm + 0,03088 mm

11,48412 mm ≤ μ ≤ 11,54588 mm

Man kann nun sagen, dass mit 99 % Wahrscheinlichkeit der wahre Mittelwert μ innerhalb des Bereiches 11,48412 mm ≤ μ ≤ 11,54588 mm liegt.

Berechnung der Standardabweichung σ:	Faktor $\kappa_{un} = 0{,}519$ Faktor $\kappa_{ob} = 4{,}40$ (aus obiger Tabelle 2 unter Zeile n = 5 abgelesen) $\kappa_{un} \cdot S \leq \sigma \leq \kappa_{ob} \cdot S$ $0{,}519 \cdot 0{,}015\ mm \leq \sigma \leq 4{,}40 \cdot 0{,}015\ mm$ <u>$0{,}007785\ mm \leq \sigma \leq 0{,}066\ mm$</u> Man kann nun sagen, dass mit 99 % Wahrscheinlichkeit die wahre Standardabweichung σ innerhalb des Bereiches 0,007785 mm $\leq \sigma \leq$ 0,066 mm liegt.

Aus dem Rechenbeispiel geht hervor, dass der Bereich mit dem Vertrauensniveau von P = 0,99 größer ist als mit dem Vertrauensniveau von P = 0,95. Wenn also ein Vertrauensniveau von 99 % gewählt wird, vergrößert sich der Vertrauensbereich.

Leitbeispiel 2 *„Elektrischer Widerstand":*
Da eine 100 %-Prüfung erfolgte, macht die Berechnung des Vertrauensbereiches keinen Sinn.

5.5.5 Werkzeuge der statistischen Prozessregelung

Die statistische Prozessregelung (SPC) umfasst die Werkzeuge Maschinenfähigkeitsuntersuchung (MFU), Prozessfähigkeitsuntersuchung (PFU) und die Prozessüberwachung mit Qualitätsregelkarten (QRK). SPC ermöglicht, in **beherrschten** und **fähigen** Prozessen zu fertigen.

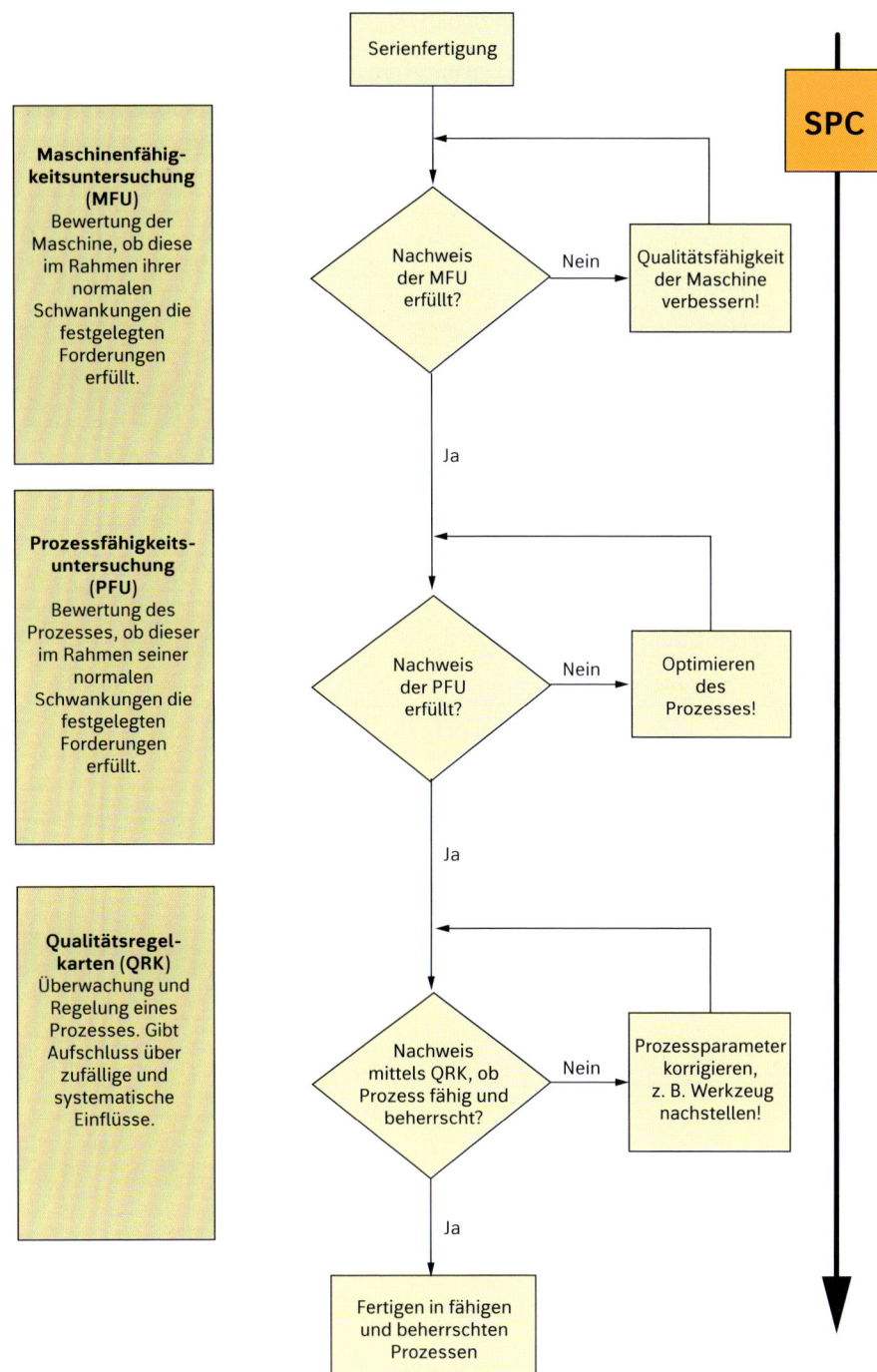

Bild 5.41: Zusammenhang zwischen SPC, MFU, PFU und QRK

Matrix: Wann ist der Prozess fähig, wann beherrscht?

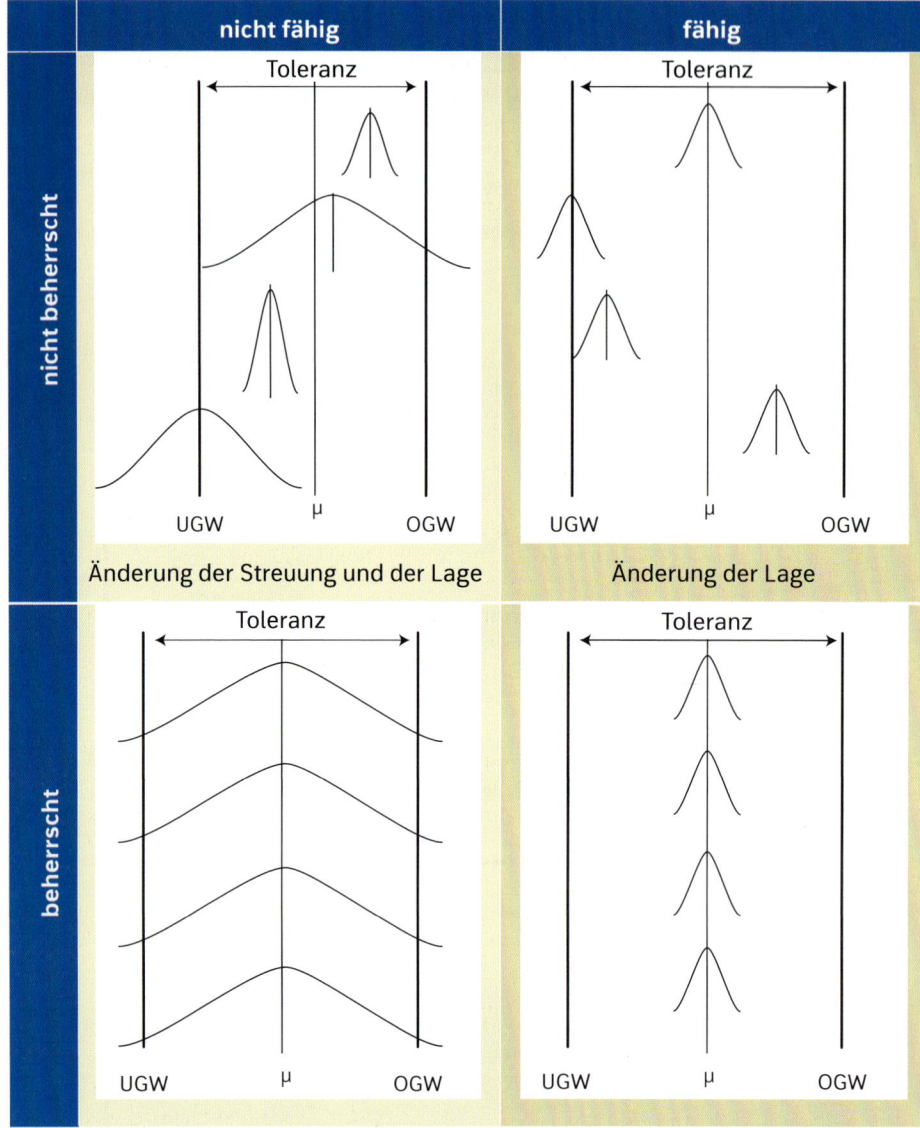

Bild 5.42: Prozessfähigkeit und Prozessbeherrschung

Voraussetzung zur Anwendung der statistischen Prozessregelung ist der Nachweis, ob die eingesetzte Maschine und der eingesetzte Prozess fähig sind. Um die folgenden Fähigkeiten nachzuweisen, muss eine Normalverteilung der Messwerte vorliegen.

5.5.5.1 Maschinenfähigkeitsuntersuchung

Zur Analyse des Prozesses wird als Erstes eine Maschinenfähigkeitsuntersuchung durchgeführt. Die Maschinenfähigkeitsuntersuchung gibt Aufschluss über die Qualitätsfähigkeit einer Maschine oder Anlage, ob diese die vorgesehene Fertigungsaufgabe erfüllen kann. Die Maschinenfähigkeitsuntersuchung ist eine **Kurzzeituntersuchung** unter Idealbedingungen. Es werden mindestens 50 Messwerte in einem kurzen Zeitraum entnommen und ausgewertet. Idealbedingungen erschafft man, indem die 7M-Störgrößen weitgehend konstant gehalten, die beste Einrichtung und extra ausgesuchte Materialien eingesetzt werden.

Bedingungen:
- Nur eine Fertigungsstufe betrachten
- Nur ein Material bearbeiten
- Nur ein Mitarbeiter bedient die Maschine
- Günstige Umweltparameter für die Maschine schaffen
- Prüfmittel darf nicht gewechselt werden
- Messwerte müssen vertrauenswürdig sein (Fähigkeit des Prüfmittels)

Außerdem findet die Maschinenfähigkeitsuntersuchung auch für Abnahmeuntersuchungen und Erstmusterprüfungen Anwendung (Freigabeentscheid).

Die Maschinenfähigkeit wird mit den **Indizes** c_m und c_{mk} angegeben, bei der Prozesspotenzialuntersuchung mit p_p und p_{pk}.
Der Kennwert c_m oder p_p beschreibt die Breite der Maschinenstreuung im Verhältnis zum Toleranzfeld. Der c_m-Wert ist gleich 1, wenn die Maschinenstreubreite (6-σ-Bereich) gleich der Toleranzbreite ist.
Der Index c_{mk} oder p_{pk} berücksichtigt zusätzlich zur Streuung die Lage der Maschinenfähigkeit. Ist der c_{mk}-Wert gleich dem c_m-Wert, befindet sich die Maschinenfähigkeit in der Toleranzmitte. Je größer die Abweichung von der Prozessmitte, desto kleiner wird der c_{mk}-Wert im Vergleich zum c_m-Wert.

Ermittlung der Maschinenfähigkeit

1. Bestimmen Sie die Anzahl der zu messenden Teile, gewöhnlich 50 Teile.
2. Die Messeinrichtung muss einer Genauigkeit von mindestens $1/10$ der Toleranzvorgabe entsprechen, z. B. Leitbeispiel 1 „Drehteil" (Merkmalstoleranz = 0,05 mm, Messunsicherheit = 0,005 mm).
3. Stellen Sie die Maschine auf Toleranzmitte ein. Schaffen Sie optimale Produktionsbedingungen (Idealbedingungen). Der Fertigungsablauf darf während der Untersuchung nicht unterbrochen werden.
4. Bei einer Mehrstationeneinrichtung (z. B. Bearbeitungszentrum) muss jede einzelne Station untersucht werden.
5. Messen Sie die von der Maschine bearbeiteten Teile.
6. Errechnen Sie aus diesen Messwerten mithilfe der nachfolgenden Formeln die Maschinenkennwerte.
7. Interpretieren Sie die Ergebnisse und leiten Sie, wenn nötig, Maßnahmen ein.

Interpretationsmöglichkeiten

Feststellung: Der Prozess liegt außerhalb der Mitte.
Ursachen: Maschine nicht genau auf Toleranzmitte eingestellt, Werkzeugverschleiß etc.
Maßnahme: Maschine nachstellen.
Feststellung: Die Streuung der Messwerte ist zu groß.
Ursachen: Zu große maschineninterne Toleranzen, Lagerverschleiß etc.
Maßnahmen: Andere Maschine mit engeren maschineninternen Toleranzen einsetzen, Maschine warten bzw. überholen.

Formeln für die Maschinenfähigkeitsuntersuchung

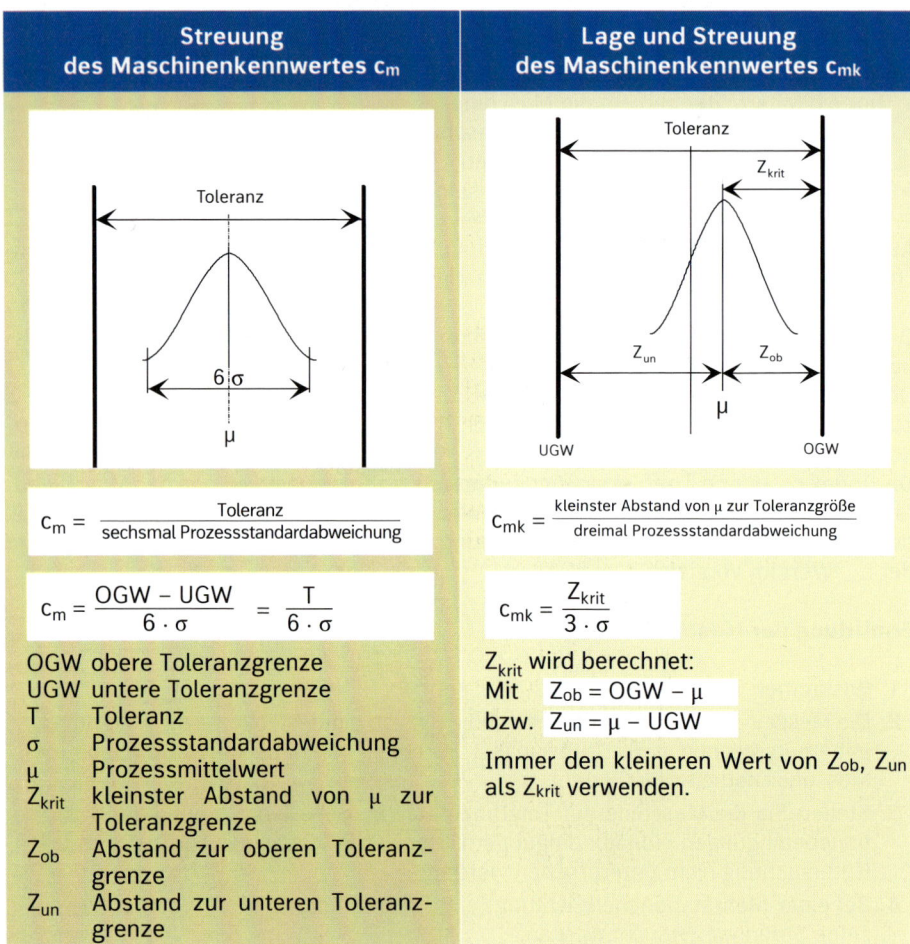

Streuung des Maschinenkennwertes c_m	Lage und Streuung des Maschinenkennwertes c_{mk}

$$c_m = \frac{\text{Toleranz}}{\text{sechsmal Prozessstandardabweichung}}$$

$$c_{mk} = \frac{\text{kleinster Abstand von } \mu \text{ zur Toleranzgröße}}{\text{dreimal Prozessstandardabweichung}}$$

$$c_m = \frac{OGW - UGW}{6 \cdot \sigma} = \frac{T}{6 \cdot \sigma}$$

$$c_{mk} = \frac{Z_{krit}}{3 \cdot \sigma}$$

OGW obere Toleranzgrenze
UGW untere Toleranzgrenze
T   Toleranz
σ Prozessstandardabweichung
μ Prozessmittelwert
Z_{krit} kleinster Abstand von μ zur Toleranzgrenze
Z_{ob} Abstand zur oberen Toleranzgrenze
Z_{un} Abstand zur unteren Toleranzgrenze

Z_{krit} wird berechnet:
Mit $Z_{ob} = OGW - \mu$
bzw. $Z_{un} = \mu - UGW$

Immer den kleineren Wert von Z_{ob}, Z_{un} als Z_{krit} verwenden.

Da bei der Maschinenfähigkeitsuntersuchung die Prozesseinflüsse, wie mehrere Fertigungsstufen, unterschiedliche Materialchargen, mehrere Mitarbeiter (mehrere Schichten), Temperaturveränderungen, über längere Zeit nicht konstant gehalten werden können (Normalbedingungen), muss der Fertigungsprozess gesondert beurteilt werden.

Bewertung der Maschinenfähigkeit

Da die Maschinenfähigkeit unter Idealbedingungen ermittelt wurde, ist die Mindestanforderung ein c_m-Wert von mindestens 1,67 ($c_m = \dfrac{10 \cdot \sigma}{6 \cdot \sigma}$, d. h., die Toleranz sollte $> 10\,\sigma$ sein) und ein c_{mk}-Wert von mindestens 1,33.

Ist c_m größer als c_{mk}, kann der Prozess durch Zentrierung (z. B. durch nochmalige Zentrierung der Maschine) beherrschbar gemacht werden.

Leitbeispiel 1 *„Drehteil":*

Da nur fünf Messwerte vorliegen, ist eine Bewertung der Maschinenfähigkeit nicht möglich.

Leitbeispiel 2 *„Elektrischer Widerstand":*

Berechnung der Maschinenfähigkeit:

> In dem Beispiel wurden 50 Messwerte erfasst und zu 100 % geprüft. Es kann somit eine Maschinenfähigkeitsuntersuchung durchgeführt werden.
>
> $$c_m = \frac{OGW - UGW}{6 \cdot \sigma} = \frac{283,50 - 256,50}{6 \cdot 1,854} = 2,427 \qquad \sigma = 1,854$$
>
> Die Maschinenfähigkeit bzgl. der Prozessbreite (Streuung) ist gegeben, da c_m die Forderung $\geq 1,67$ erfüllt.
>
> $$c_{mk} = \frac{Z_{krit}}{3 \cdot \sigma} = \frac{11,02}{3 \cdot 1,854} = 1,981$$
>
> $\mu = 267,52$
>
> $Z_{ob} = OGW - \mu = 283,50 - 267,52 = 15,98$
>
> Die Maschinenfähigkeit bzgl. der Prozessbreite und Prozesslage ist gegeben, da c_{mk} die Forderung $\geq 1,33$ erfüllt.
>
> $Z_{un} = \mu - UGW = 267,52 - 256,50 = 11,02 = Z_{krit}$

5.5.5.2 Qualitätsfähigkeit von Prozessen

Die DIN ISO 22514 beschreibt die wesentlichen Grundsätze hinsichtlich der Fähigkeit von Fertigungsprozessen.

Um Kenntnisse über einen Prozess zu erhalten, wird eine Prozessanalyse durchgeführt. Diese Kenntnisse sind notwendig, damit der Prozess wirksam und wirtschaftlich beherrscht wird. Somit erfüllen die durch den Prozess hergestellten Produkte die Qualitätsanforderungen. Die Beurteilung der Qualitätsfähigkeit von Prozessen erfordert mehrere Stichproben. Die einzelne Stichprobe beschreibt das Verhalten des untersuchten Merkmals während einer kurzen Zeitspanne und wird als momentane Verteilung dargestellt. Die Darstellung der Verteilung benötigt einen Lage-, Streuungs- und Formparameter (siehe auch Kapitel 5.5.1).

Ein Prozess erfordert eine kontinuierliche Beobachtung über einen längeren Zeitraum hinweg. Auf der Basis von mehreren Stichprobenergebnissen aus dem laufenden Prozess wird eine resultierende Wahrscheinlichkeitsverteilung des Prozesses, auch Prozessergebnisverteilung genannt, bestimmt. Diese resultierende Verteilung erfordert die Berechnung von Schätzwerten mit einer hinreichend geringen Streuung für die Verteilungsparameter $\hat{\mu}$ und $\hat{\sigma}$ (siehe auch Kapitel 5.5.1). Der Umfang der Stichproben, auf der die Berechnungen beruhen, sollte in Abhängigkeit von der gewünschten Aussagewahrscheinlichkeit, der Genauigkeit und der Art des untersuchten Prozesses gewählt werden. Er sollte groß genug sein, um eine aussagekräftige statistische Basis zu liefern. Üblicherweise sind dazu mehr als 100 Beobachtungen notwendig.

Bei der Untersuchung ist es wichtig, dass die erfassten Daten zurückverfolgt werden können, um unerwartete Werte nachprüfen zu können. Dies erfordert eine Dokumentation der vorherrschenden Bedingungen. Wichtig ist auch die zeitliche Erfassungsreihenfolge der Messwerte. Beim Messen der Werte ist auch die Qualität der Messergebnisse wichtig, da immer eine Messunsicherheit vorhanden ist. Das bedeutet, dass das verwendete Messmittel ausreichende messtechnische Eigenschaften für die Messaufgabe aufweisen sollte. Zur Bestimmung der Unsicherheit bei Messungen wird die Fähigkeit des Messprozesses berechnet, wie in ISO 22514-7 bzw. VDA-Band 5 beschrieben.

In der DIN ISO 22514-2 werden acht mögliche resultierende Prozessergebnisverteilungen und deren Berechnung in ein tabellarisches Schema gebracht. Diese werden Verteilungszeitmodelle genannt. Diese acht Verteilungszeitmodelle werden in vier Gruppen eingeteilt, je nachdem, ob die Werte des Lage- und des Streuungsparameters konstant oder variabel sind.

- Die erste Gruppe ist ein Prozess, dessen Stichproben konstante Lage- und Streuungsparameter liefern. Man spricht vom zeitabhängigen Verteilungsmodell A.

- Zur zweiten Gruppe gehört ein Prozess, dessen Streuung sich mit der Zeit verändert, dessen Lage aber unverändert bleibt. Dies ist das zeitabhängige Verteilungsmodell B.

- Das zeitabhängige Verteilungsmodell C liegt vor, wenn die Streuung konstant ist, die Lage sich aber verändert.

- Verteilungen, die den drei genannten Modellen nicht zugeordnet werden können, befinden sich in der vierten Gruppe und werden zeitabhängiges Verteilungsmodell D genannt.

Im Folgenden sind zwei Zeitmodelle beschrieben.

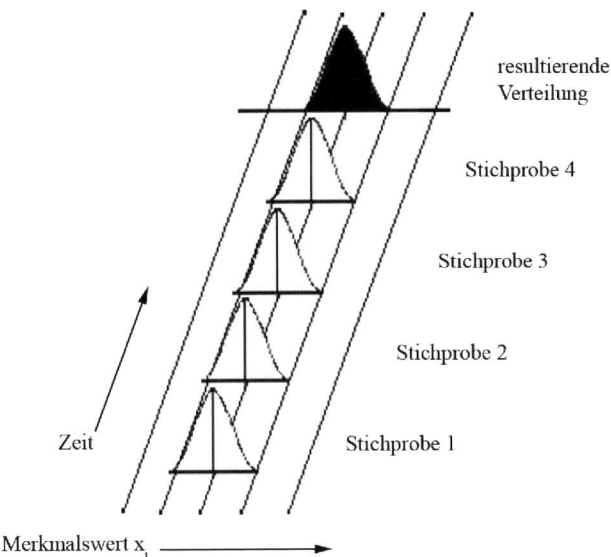

Bild 5.43: Verteilungszeitmodell A1 nach DIN EN ISO 22514-1, -2

Bei dem Modell A1 sind die Verteilungsparameter Lage, Streuung und Form konstant. Die vier Momentanverteilungen sind normalverteilt. Daraus ergibt sich eine normalverteilte resultierende Verteilung. Ist die Form der resultierenden Verteilung eine Normalverteilung, erfolgt die Berechnung der Qualitätsfähigkeitskenngrößen mit den Formeln, die nachfolgend aufgeführt werden.

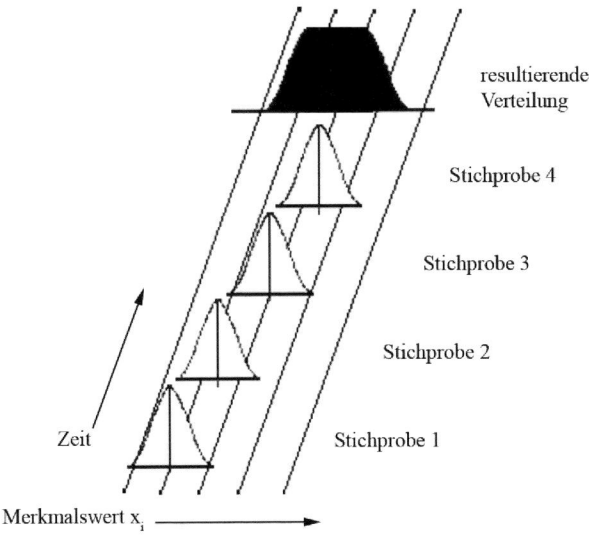

Bild 5.44: Verteilungszeitmodell C3 nach DIN EN ISO 22514-1, -2

Bei diesem Verteilungszeitmodell ändert sich die Lage systematisch, z. B. liegt ein Trend vor. Die restlichen Verteilungsparameter bleiben konstant und die vier Momentanverteilungen sind normalverteilt. Es ergibt sich nun eine nicht normalverteilte Resultierende, d. h., eine beliebige Verteilungsform. Die Berechnung der Qualitätsfähigkeitskenngrößen erfordert einen hohen mathematischen Aufwand und wird an dieser Stelle nicht erläutert.

5.5.5.3 Prozessfähigkeitsuntersuchung

Die Prozessfähigkeitsuntersuchung gibt an, ob der Prozess die an ihn gestellten Anforderungen in der laufenden Produktion erfüllen kann, also: „Fertigt der Prozess langfristig innerhalb der Toleranzgrenzen?" Für die Ermittlung der Prozessfähigkeit werden bei Prozessvorläufen mindestens 25 Stichproben entnommen und ausgewertet. Man spricht dann von einer **Langzeituntersuchung**. Liegen systematische Einflüsse auf das Prozessverhalten vor, dann müssen diese in einer Prozessvorlaufuntersuchung untersucht werden, um im Rahmen einer Prozessanalyse Anhaltspunkte für die Optimierung des Prozesses zu erhalten.

Die Prozessfähigkeit wird wie die Maschinenfähigkeit mit **Fähigkeitsindizes** beschrieben:

Der Kennwert c_p beschreibt die Breite der Prozessstreuung im Verhältnis zum Toleranzfeld. Der c_p-Wert ist gleich 1, wenn die Prozessstreubreite (6-σ-Bereich) gleich der Toleranzbreite ist.

Der Index c_{pk} berücksichtigt zusätzlich zur Streuung die Lage des Prozesses. Ist der c_{pk}-Wert gleich dem c_p-Wert, befindet sich der Prozess in der Toleranzmitte. Je größer die Abweichung von der Prozessmitte, desto kleiner wird der c_{pk}-Wert im Vergleich zum c_p-Wert.

Ermittlung der Prozessfähigkeit

1. Bestimmen Sie die Anzahl der zu messenden Teile, mindestens 125 Teile (aus Einzelstichproben vom Umfang $n \geq 3$ (in der Regel $n = 5$) erfassen).

2. Die Messeinrichtung muss einer Genauigkeit von mindestens $1/10$ der Toleranzvorgabe entsprechen, z. B. Leitbeispiel 1 „Drehteil" (Merkmalstoleranz = 0,05 mm, Messunsicherheit = 0,005 mm).

3. Fertigen Sie unter Normalbedingungen.

4. Messen Sie die von der Maschine bearbeiteten Teile.

5. Errechnen Sie aus diesen Messwerten mithilfe der nachfolgenden Formeln die Prozesskennwerte (c_p und c_{pk} werden auf gleiche Art und Weise wie c_m und c_{mk} berechnet). Der einzige Unterschied liegt in der Datenmenge, die zur Auswertung benutzt wird.

6. Interpretieren Sie die Ergebnisse und leiten Sie wenn nötig Maßnahmen ein.

Interpretationsmöglichkeiten:

Feststellung: Der Prozess liegt außerhalb der Mitte.
Ursachen: Maschine ist nicht genau auf Toleranzmitte eingestellt, Werkzeugverschleiß etc.
Maßnahme: Maschine nachstellen.

Feststellung: Die Streuung der Messwerte ist zu groß.
Ursachen: Zu große maschineninterne Toleranzen, Lagerverschleiß etc.
Maßnahmen: Andere Maschine mit engeren maschineninternen Toleranzen einset-
                 zen, Maschine warten bzw. überholen.

Formeln für die Prozessfähigkeitsuntersuchung[1]

Streuung des Prozesskennwertes c_p	Lage und Streuung des Prozesskennwertes c_{pk}
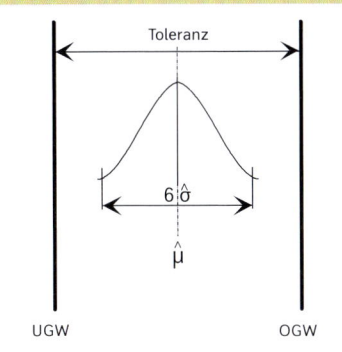	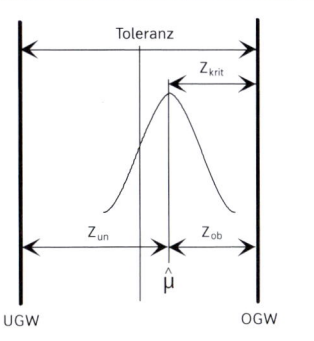
$$c_p = \frac{\text{Toleranz } T}{\text{sechsmal geschätzte Prozessstandardabweichung}}$$	$$c_{pk} = \frac{\text{kleinster Abstand von } \hat{\mu} \text{ zur Toleranzgrenze}}{\text{dreimal geschätzte Prozessstandardabweichung}}$$
$$c_p = \frac{OGW - UGW}{6 \cdot \hat{\sigma}} = \frac{T}{6 \cdot \hat{\sigma}}$$	$$c_{pk} = \frac{Z_{krit}}{3 \cdot \hat{\sigma}}$$

OGW obere Toleranzgrenze
UGW untere Toleranzgrenze
T   Toleranz
$\hat{\sigma}$ geschätzte Prozessstandard-
     abweichung
$\hat{\mu}$ geschätzter Prozessmittelwert
Z_{krit} kleinster Abstand von $\hat{\mu}$ zur
     Toleranzgrenze
Z_{ob} Abstand zur oberen Toleranz-
     grenze
Z_{un} Abstand zur unteren Toleranz-
     grenze

Z_{krit} wird berechnet:
mit $Z_{ob} = OGW - \hat{\mu}$
bzw. $Z_{un} = \hat{\mu} - UGW$
Immer den kleineren Wert von Z_{ob}, Z_{un}
als Z_{krit} verwenden.

---

[1] Die Berechnung der Prozessfähigkeit erfolgt mit den gleichen Formeln, aber anderen Formel-
     zeichen wie bei der Maschinenfähigkeitsuntersuchung (c_p anstatt c_m bzw. c_{pk} anstatt c_{mk}).

Bewertung der Prozessfähigkeit

Der Prozess ist fähig, wenn beide Kennwerte größer als 1 sind. Die Produktion nutzt in diesem Grenzfall die volle Toleranz aus und jede Verschiebung des Prozesses erzeugt Ausschuss. Die Prozessbreite sollte nur 75 % der Toleranzbreite ausnutzen. Daher ist eine Erhöhung dieser Werte, d. h., eine Verbesserung des Prozesses, unbedingt anzustreben.

Es wird ein c_p-Wert von mindestens 1,33 gefordert ($c_p = \dfrac{8 \cdot \hat{\sigma}}{6 \cdot \hat{\sigma}} = 1{,}33$), d. h., die Toleranz sollte > 8 σ sein.

Ist c_p größer als c_{pk} kann der Prozess durch Zentrierung (z. B. durch Nachstellen des Werkzeuges) **beherrschbar** gemacht werden.

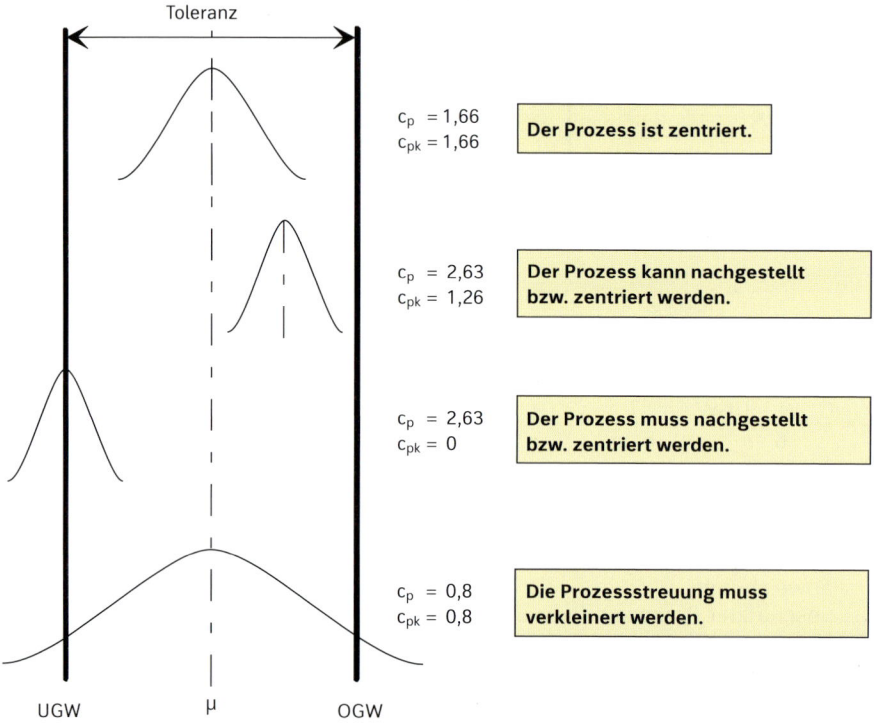

Bild 5.45: Schätzen der Fähigkeitsindizes

Leitbeispiel 1 *„Drehteil":*

Es wurden während der Produktion in regelmäßigen Abständen weitere Stichproben gezogen und die jeweiligen $\bar{x}$-, R- und s-Werte berechnet.

Messprotokoll „Drehteil"   (Alle Messwerte sind in mm angegeben.)

	Stichprobe 1	Stichprobe 2	Stichprobe 3	Stichprobe 4	Stichprobe 5	Stichprobe 6	Stichprobe 7	Stichprobe 8	Stichprobe 9
	11,499	11,528	11,512	11,510	11,516	11,526	11,477	11,512	11,532
	11,512	11,524	11,493	11,519	11,514	11,515	11,518	11,537	11,513
	11,539	11,515	11,518	11,502	11,499	11,509	11,514	11,489	11,515
	11,514	11,505	11,508	11,504	11,497	11,501	11,519	11,517	11,508
	11,511	11,513	11,508	11,512	11,521	11,479	11,511	11,527	11,522
$\bar{x}$	11,515	11,517	11,508	11,509	11,509	11,506	11,508	11,516	11,518
R	0,040	0,023	0,025	0,017	0,024	0,047	0,042	0,048	0,024
s	0,015	0,009	0,009	0,007	0,011	0,018	0,018	0,018	0,009

	Stichprobe 10	Stichprobe 11	Stichprobe 12	Stichprobe 13	Stichprobe 14	Stichprobe 15	Stichprobe 16	Stichprobe 17	Stichprobe 18
	11,498	11,514	11,494	11,504	11,516	11,509	11,508	11,522	11,508
	11,541	11,509	11,510	11,481	11,514	11,513	11,519	11,509	11,493
	11,514	11,534	11,506	11,490	11,511	11,513	11,476	11,501	11,506
	11,496	11,479	11,506	11,505	11,510	11,499	11,486	11,489	11,503
	11,519	11,509	11,506	11,497	11,513	11,500	11,508	11,507	11,487
$\bar{x}$	11,514	11,509	11,504	11,495	11,513	11,507	11,499	11,506	11,499
R	0,045	0,055	0,016	0,024	0,006	0,014	0,043	0,033	0,021
s	0,018	0,020	0,006	0,010	0,002	0,007	0,018	0,012	0,009

	Stichprobe 19	Stichprobe 20	Stichprobe 21	Stichprobe 22	Stichprobe 23	Stichprobe 24	Stichprobe 25
	11,512	11,524	11,505	11,516	11,517	11,514	11,508
	11,493	11,523	11,493	11,477	11,527	11,509	11,513
	11,515	11,510	11,511	11,497	11,501	11,522	11,493
	11,502	11,514	11,510	11,516	11,515	11,514	11,502
	11,510	11,514	11,512	11,509	11,498	11,506	11,510
$\bar{x}$	11,506	11,517	11,506	11,503	11,512	11,513	11,505
R	0,022	0,014	0,019	0,039	0,029	0,016	0,020
s	0,009	0,006	0,008	0,016	0,012	0,006	0,008

Das Verlaufsdiagramm (Bild 5.11), das Histogramm (Bild 5.16) und die Strichliste (Bild 5.14) zu den Messwerten sind im Kapitel 5.2 dargestellt.

Aus dem Fertigungsprozess wurden insgesamt 25 Stichproben entnommen. Das ergibt für das gesamte Los 25 Normalverteilungen. Um die Prozessfähigkeit zu berechnen, werden alle einzelnen Normalverteilungen zu einer resultierenden

Verteilung zusammengefasst. Dazu muss man aus allen Stichproben den **Prozessmittelwert** $\overline{\overline{x}}$ (gesprochen x-doppelquer) und die **Prozessstandardabweichung** $\overline{s}$ berechnen.

$\overline{\overline{x}} = 11,509$ mm $\overline{s} = 0,012$ mm

Berechnung der Prozessfähigkeit:

In dem Beispiel wurden 125 Messwerte in Stichproben erfasst. Es kann somit eine Prozessfähigkeitsuntersuchung durchgeführt werden.

$$c_p = \frac{OGW - UGW}{6 \cdot \hat{\sigma}} = \frac{11,55 - 11,45}{6 \cdot 0,012766} = 1,31 \qquad \hat{\sigma} = \frac{\overline{s}}{c_4} = \frac{0,012\ mm}{0,94} = 0,012766$$

Die Prozessfähigkeit bzgl. der Prozessbreite (Streuung) ist **nicht** gegeben, da c_p die Forderung $\geq 1,33$ **nicht** erfüllt.

$$c_{pk} = \frac{Z_{krit}}{3 \cdot \hat{\sigma}} = \frac{0,041}{3 \cdot 0,012766} = 1,071$$

$\hat{\mu} = \overline{\overline{x}} = 11,509$

$\hat{Z}_{ob} = OGW - \hat{\mu}$
$= 11,55 - 11,509 = 0,041 = Z_{krit}$

Die Prozessfähigkeit bzgl. der Prozessbreite und Prozesslage ist gerade noch gegeben, da c_{pk} die Forderung $\geq 1,0$ erfüllt. Die Prozessfähigkeit muss dennoch verbessert werden, da die c_p-Forderung nicht erfüllt ist.

$\hat{Z}_{un} = \hat{\mu} - UGW$
$= 11,509 - 11,45 = 0,059$

Leitbeispiel 2 *„Elektrischer Widerstand":*

Zur Berechnung der Prozessfähigkeit müssen mindestens 125 Messwerte vorliegen. Es erfolgt keine Berechnung, da nur 50 Messwerte im Leitbeispiel aufgenommen wurden.

Mit c_p bzw. c_m wird die grundsätzliche Fähigkeit des Prozesses bzw. der Maschine beschrieben. Mit c_{pk} bzw. c_{mk} wird die Beherrschung des Prozesses bzw. der Maschine bewertet.

Die Maschinen- und die Prozessanalyse erfolgt unter Anwendung der Qualitätsregelkartentechnik.

5.5.5.4 Qualitätsregelkarten

Qualitätsregelkarten werden eingesetzt, um Veränderungen am Prozess anzuzeigen. Prozessveränderungen führen zu veränderten Prozessparametern der Verteilung von Merkmalswerten. Die Folge sind Abweichungen der entsprechenden Kennwerte, die nicht durch Zufallseinflüsse zu erklären, sondern systematischen Ursprungs sind. Die Qualitätsregelkarte übernimmt im Regelkreis die Funktion des Reglers. Qualitätsregelkarten zeigen systematische Streuungsursachen auf. Dies ermöglicht, rechtzeitig geeignete Maßnahmen zur Abstellung dieser systematischen Streuungsursachen zu ergreifen und ein wiederholtes Auftreten zu vermeiden.

Dem Prozess werden in regelmäßigen Abständen Stichproben entnommen. Die **Stichprobenentnahme** muss mit einer ausreichenden Häufigkeit erfolgen, um Veränderungen im Prozess schnell zu erkennen. Hierfür sind die technisch-wirtschaftlichen Rahmenbedingungen des Prozesses ausschlaggebend. Der **Stichprobenumfang** n (Anzahl der Teile je Prüfung) muss zu einer Qualitätsregelkarte stets gleich groß sein. Außerdem müssen alle Teile einer Stichprobe nacheinander (in Serie) hergestellt werden. Jede Maschine (Fertigungslinie) muss getrennt überwacht werden.

Die Messwerte werden ausgewertet, indem z. B. der Mittelwert $\bar{x}$ und die Standardabweichung s berechnet werden. Diese Ergebniswerte werden in die Qualitätsregelkarte eingetragen. Dadurch erhält man einen zeitlichen Verlauf der Werte. Toleranz- oder Eingriffsgrenzen beschreiben den Bereich, in dem die Abweichung der Stichprobenkennwerte, beispielsweise $\bar{x}$ oder s, zulässig ist. Werden diese Grenzen überschritten, muss der Fehler analysiert und behoben werden.

In einer Qualitätsregelkarte müssen alle gezielten Einflussnahmen auf den Prozess, z. B. Werkzeugwechsel, und besondere Vorkommnisse, z. B. Maschinendefekte, dokumentiert werden.

Regelkartenmodelle für kontinuierliche Merkmale[1]

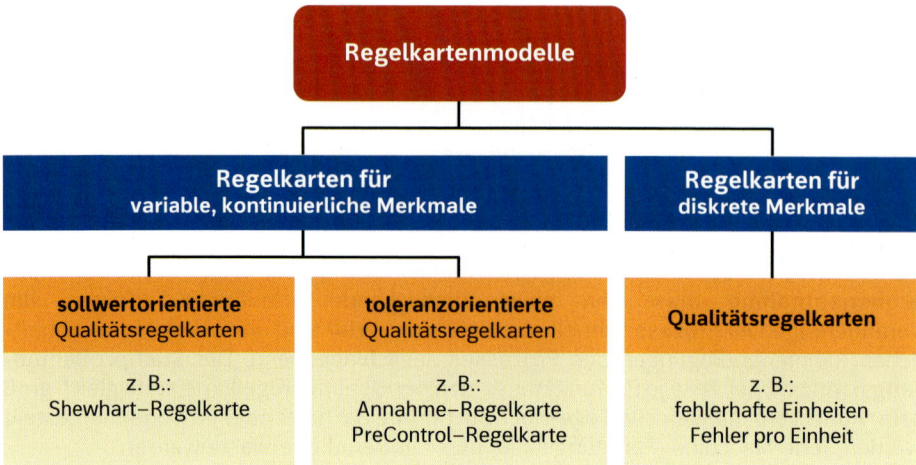

Bild 5.46: Regelkartenmodelle

Bei kontinuierlichen Merkmalen ist es notwendig, die Prozessparameter
- Lage des Prozessmittelwertes und
- die Prozessstreuung

während des Prozesses zu überwachen und wenn nötig korrigierend in den Prozess einzugreifen. Es müssen somit zwei Kennwerte in einer Regelkarte geführt werden, z. B. $\bar{x}$/s-Regelkarte.

Die Shewhart-Regelkarte

Sie wird eingesetzt, wenn ein als befriedigend erkannter, beherrschter Zustand eines Prozesses (Sollzustand) beibehalten werden soll. Ändert sich etwas an diesem Zustand, soll die Qualitätsregelkarte dies anzeigen.
Voraussetzung zum Führen einer Shewhart-Regelkarte sind

a) eine Prozessfähigkeit von $c_p \geq 1{,}33$ und

b)
$$\text{Streuung der Mittelwerte} \leq \frac{\text{Streuung der Einzelwerte}}{\sqrt{\text{Stichprobenumfang}}}$$

$$\hat{\sigma}_{\bar{x}} \leq \frac{\hat{\sigma}}{\sqrt{n}}$$

---

[1] Qualitätsregelkarten für diskrete Merkmale werden nicht näher besprochen.

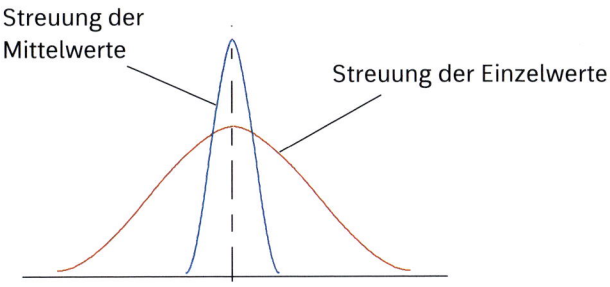

Bild 5.47: Streuung der Mittelwerte

Aufbau einer Shewhart-Regelkarte

Kartenart, z. B. $\bar{x}$	Bezeichnung, z. B. Bolzen	Merkmal, z. B. Durchmesser	Nennmaß, z. B. Ø 11,5	OEG = ... UEG = ...	Prüfer, z. B. Meister

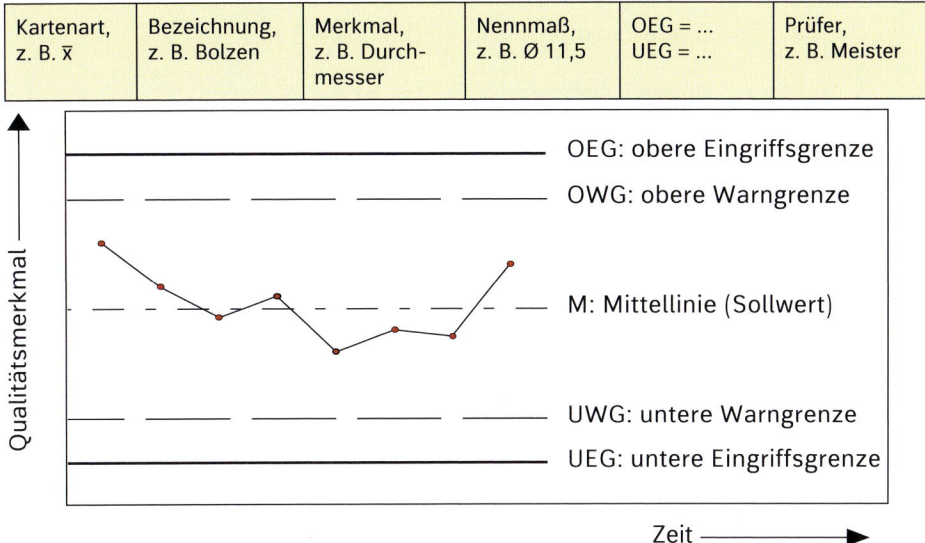

Bild 5.48: Shewhart-Regelkarte

Die gebräuchlichsten Shewhart-Regelkarten sind die $\bar{x}$/s-Karte und die $\bar{x}$/R-Karte. Die $\bar{x}$/s-Karte ist die genauere, aber aufwendigere Karte zum Berechnen. Ist der Stichprobenumfang n > 5, muss die $\bar{x}$/s-Karte geführt werden.

Darstellung der Mittellinie M
Die Mittellinie entspricht häufig dem Vorgabemaß, Nennmaß, Mittenwert, Sollwert oder dem Mittelwert aus dem Vorlauf.

Berechnung der Eingriffsgrenzen
Bei der Shewhart-Regelkarte werden die **Eingriffsgrenzen** aufgrund des Prozessverhaltens nach fertigungstechnischen Gesichtspunkten engstmöglich festgelegt. Die Eingriffsgrenzen beschreiben den 99,73 %-Zufallsstreubereich (= ± 3 $\hat{\sigma}$), d. h., der

107

ungestörte Prozess bewegt sich zufallsverteilt innerhalb der Eingriffsgrenzen. Bei Überschreitung der Eingriffsgrenzen liegen systematische Einflüsse auf den Prozess vor. Zur Berechnung der Eingriffsgrenzen müssen die Parameter des Prozesses, d. h., die Parameter der Grundgesamtheit, bekannt sein. Sie müssen bei der Auswertung des Vorlaufes geschätzt werden. Der Vorlauf muss ausreichend groß sein, damit die Schätzung genau genug ist. Die Eingriffsgrenzen sind nicht gleich den Toleranzgrenzen. Wird in diesem Fall die Grenze überschritten, wurde bereits Ausschuss gefertigt. Man darf den Prozess demnach nicht nach Toleranzgrenzen regeln.

Eingriffsgrenzen der $\bar{x}$-Karte (nach Shewhart):

Die Eingriffsgrenzen entsprechen dem $\pm 3\,\hat{\sigma}$-Bereich, wodurch 99,73 % aller Messwerte innerhalb der Eingriffsgrenzen liegen. Diese Vorgehensweise findet man vorwiegend in amerikanisch beeinflussten Unternehmen.

$$\text{Obere Eingriffsgrenze: } OEG_{\bar{x}} = \bar{\bar{x}} + 3 \cdot \hat{\sigma}_{\bar{x}}$$

$$\text{Untere Eingriffsgrenze: } UEG_{\bar{x}} = \bar{\bar{x}} - 3 \cdot \hat{\sigma}_{\bar{x}}$$

In der Praxis benutzt man die Tabellenwerte A_2, A_3, B_3, B_4, D_3 und D_4 zur einfacheren Berechnung der Eingriffsgrenzen OEG und UEG.

$\bar{x}$/s-Karte	$\bar{x}$/R-Karte
$OEG_{\bar{x}} = \bar{\bar{x}} + A_3 \cdot \bar{s}$	$OEG_{\bar{x}} = \bar{\bar{x}} + A_2 \cdot \bar{R}$
$UEG_{\bar{x}} = \bar{\bar{x}} - A_3 \cdot \bar{s}$	$UEG_{\bar{x}} = \bar{\bar{x}} - A_2 \cdot \bar{R}$
$OEG_s = B_4 \cdot \bar{s}$	$OEG_R = D_4 \cdot \bar{R}$
$UEG_s = B_3 \cdot \bar{s}$	$UEG_R = D_3 \cdot \bar{R}$
$OEG_{\bar{x}}$ obere Eingriffsgrenze der $\bar{x}$-Karte $UEG_{\bar{x}}$ untere Eingriffsgrenze der $\bar{x}$-Karte OEG_s obere Eingriffsgrenze der s-Karte UEG_s untere Eingriffsgrenze der s-Karte	OEG_R obere Eingriffsgrenze der R-Karte UEG_R untere Eingriffsgrenze der R-Karte

Tabelle[1] zur Berechnung der Eingriffsgrenzen

Stichprobenumfang n	Faktor A2	Faktor D4	Faktor D3	Faktor A3	Faktor B4	Faktor B3
2	1,880	3,267	–	2,659	3,267	–
3	1,023	2,574	–	1,954	2,568	–
4	0,729	2,282	–	1,628	2,266	–
5	0,577	2,114	–	1,427	2,089	–
6	0,483	2,004	–	1,287	1,970	0,030
7	0,419	1,924	0,076	1,182	1,882	0,118
8	0,373	1,864	0,136	1,099	1,815	0,185
9	0,337	1,816	0,184	1,032	1,761	0,239
10	0,308	1,777	0,223	0,975	1,716	0,284

Die Faktoren für die Eingriffsgrenzen basieren auf einer statistischen Sicherheit von 99,73 %.

Leitbeispiel 1 *„Drehteil"*

Aufgrund der Messwerte werden die Eingriffsgrenzen für eine $\bar{x}/s$-Karte wie folgt berechnet:

$$OEG_{\bar{x}} = \bar{\bar{x}} + A_3 \cdot \bar{s} = 11{,}509 + 1{,}427 \cdot 0{,}012 = 11{,}526$$

$$UEG_{\bar{x}} = \bar{\bar{x}} - A_3 \cdot \bar{s} = 11{,}509 - 1{,}427 \cdot 0{,}012 = 11{,}492$$

$$OEG_s = B_4 \cdot \bar{s} = 2{,}089 \cdot 0{,}012 = 0{,}0251$$

$$UEG_s = B_3 \cdot \bar{s} = 0 \cdot 0{,}012 = 0$$

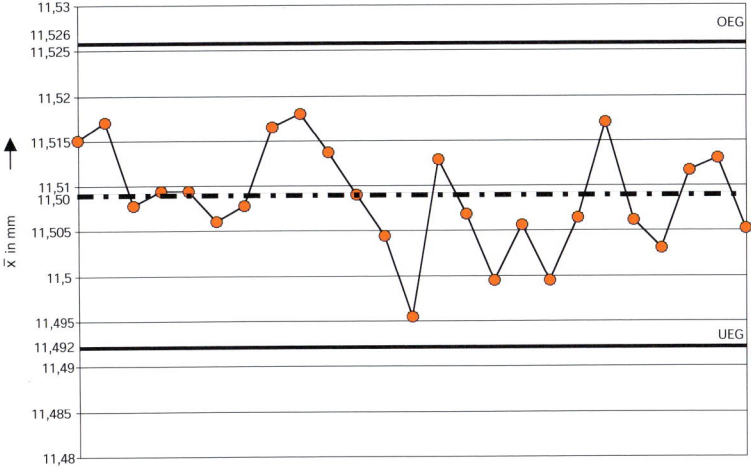

Bild 5.49a: Shewhart-Regelkarte zum *Leitbeispiel 1 „Drehteil"*

---

[1]   Tabelle nach Steinbeis-Transferzentrum Qualität und Umwelt Ulm

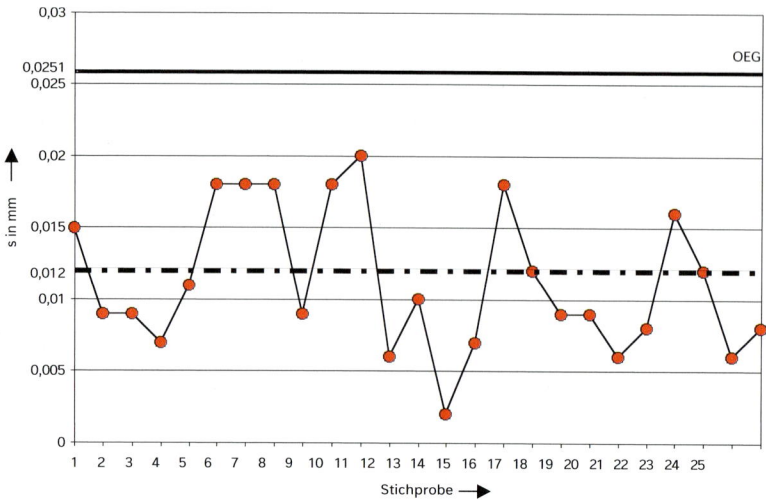

Bild 5.49b: Shewhart-Regelkarte zum *Leitbeispiel 1 „Drehteil"*

Leitbeispiel 2 *„Elektrischer Widerstand"*

Aufgrund der Messwerte werden die Eingriffsgrenzen für eine $\overline{x}$/s-Karte wie folgt berechnet:

$$OEG_{\overline{x}} = \overline{\overline{x}} + A_3 \cdot \overline{s}$$
$$= 267,52 + 1,427 \cdot 1,6559 = 269,883$$

$$UEG_{\overline{x}} = \overline{\overline{x}} - A_3 \cdot \overline{s}$$
$$= 267,52 - 1,427 \cdot 1,6559 = 265,157$$

$$OEG_s = B_4 \cdot \overline{s}$$
$$= 2,089 \cdot 1,6559 = 3,459$$

$$UEG_s = B_3 \cdot \overline{s}$$
$$= 0 \cdot 1,6559 = 0$$

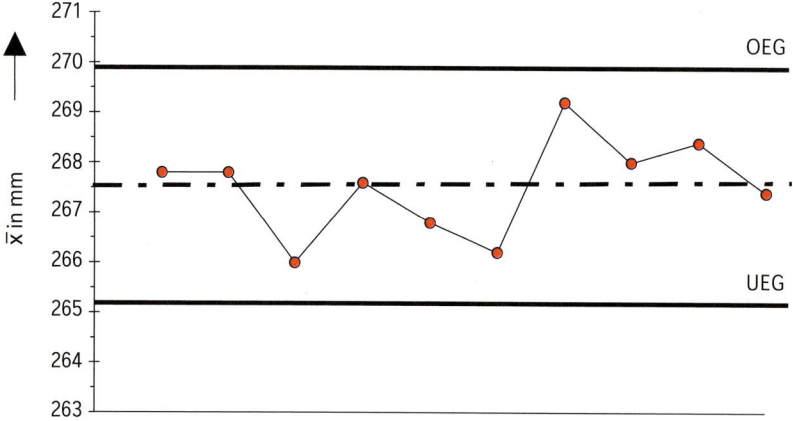

Bild 5.50a: Shewhart-Regelkarte zum *Leitbeispiel 2 „Elektrischer Widerstand"*

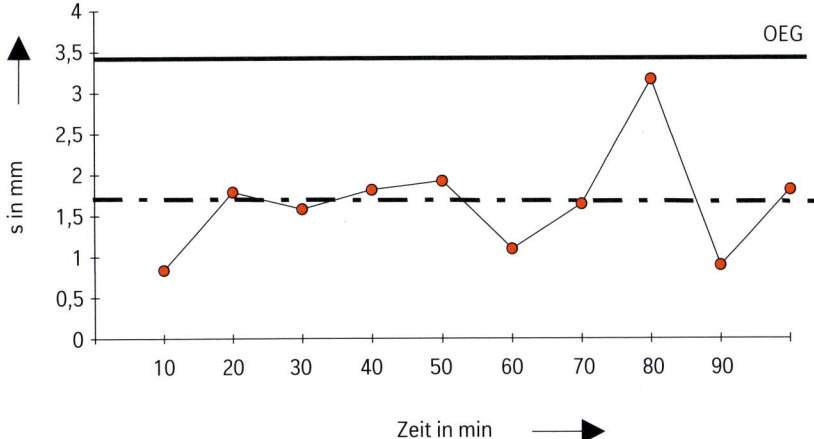

Bild 5.50b: Shewhart-Regelkarte zum *Leitbeispiel 2 „Elektrischer Widerstand"*

Definition der Warngrenzen

Die **Warngrenzen** begrenzen den 95,45 %-Zufallsstreubereich (entspricht ± 2σ).

Warngrenzen der $\bar{x}$-Karte:

$$\text{Obere Warngrenze:} \quad OWG_{\bar{x}} = \bar{\bar{x}} + 2 \cdot \hat{\sigma}_{\bar{x}}$$

$$\text{Untere Warngrenze:} \quad UWG_{\bar{x}} = \bar{\bar{x}} - 2 \cdot \hat{\sigma}_{\bar{x}}$$

Bei der Berechnung der Warngrenzen verwendet man andere Faktoren zur Ermittlung der Grenzen. Ansonsten geht man ebenso vor wie bei den Eingriffsgrenzen.

Bei Überschreiten der Warngrenzen ist erhöhte Aufmerksamkeit geboten. Es sollte eine zusätzliche Stichprobe gezogen werden.

Vielfach kann man aber auf Warngrenzen verzichten.

Die PreControl-Regelkarte

Die PreControl-Regelkarte ist eine einfache und übersichtliche Regelkarte. Es müssen keine komplizierten Berechnungen durchgeführt werden. Voraussetzung zum Führen einer PreControl-Regelkarte ist eine Prozessfähigkeit von $c_p > 2$. Der Toleranzbereich wird in farblich verschiedene gleich große Zonen aufgeteilt.

Aufbau einer PreControl-Regelkarte

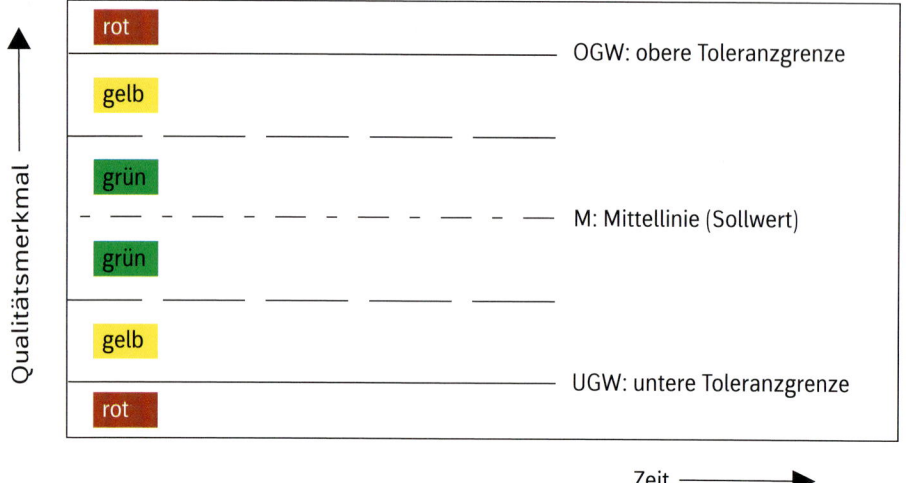

Bild 5.51: PreControl-Regelkarte

Als Startbedingung müssen fünf aufeinanderfolgende Teile geprüft werden. Die Ergebnisse müssen alle im grünen Bereich liegen.
Zum weiteren Führen der Regelkarte müssen 2er-Stichproben entnommen werden. Der zeitliche Abstand der Probenentnahme berechnet sich aus 1/6 der Zeit zwischen zwei Nachstellungen am Prozess.

Eingriffsbedingungen in der PreControl-Regelkarte

1. Teil	2. Teil	Maßnahme
grün	grün	Prozess ohne Eingriff bis zur nächsten Probenentnahme weiterlaufen lassen.
grün	gelb	
gelb	grün	
gelb	gelb	Prozess unterbrechen, einstellen und Startbedingung wiederholen.
rot		Prozess unterbrechen und aussortieren. Prozess einstellen und Startbedingung wiederholen.
	rot	

Die Annahme-Regelkarte

Die Annahme-Regelkarte wird eingesetzt, wenn ein Prozess im Hinblick auf vorgegebene Toleranzgrenzen überwacht werden soll, beispielsweise bei einer Fertigung
mit Trendverhalten, etwa durch Werkzeugabnutzung. In den Prozess wird erst ein-
gegriffen, wenn sich die Merkmalswerte den Grenzen nähern. Der Vorteil ist die
volle Ausnutzung der Standzeit des Werkzeuges. Mit einer Annahme-Regelkarte wird
ausschließlich die Lage der Merkmalswerte überwacht. Daher bietet sich eine Kombi-
nation aus einer Annahme-Regelkarte (Überwachung der Lage) und einer Shewhart-
Regelkarte (Überwachung der Streuung) an.

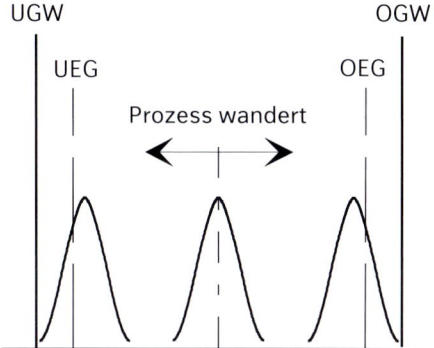

Bild 5.52: Toleranzausnutzung in einer Annahme-Regelkarte

Voraussetzung zum Führen einer Annahme-Regelkarte:

a) Die Prozessfähigkeit c_p muss größer 2 sein oder
b) die Toleranz sollte mindestens das Acht- bis Zwölffache der Prozessstandardabweichung σ betragen.

Aufbau einer Annahme-Regelkarte

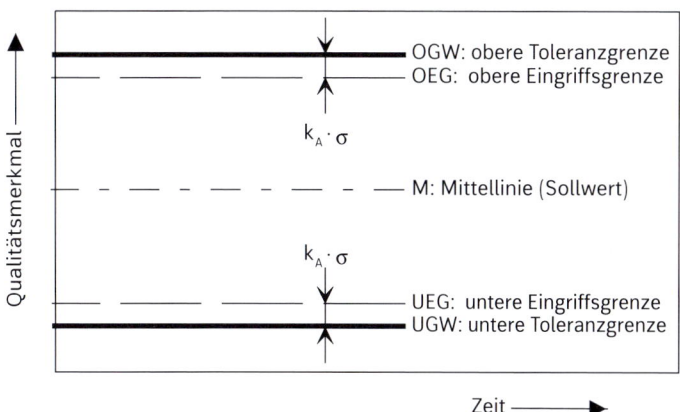

Bild 5.53: Annahme-Regelkarte

113

Zur Berechnung der Eingriffsgrenzen wird der vorgegebene Toleranzbereich herangezogen.

$$OEG = OGW - k_A \cdot \sigma$$
$$UEG = UGW + k_A \cdot \sigma$$

k_A Abgrenzungsfaktor (Ermitteln aus Wilrich-Nomogramm)

Regelkartenanalyse

Zur Analyse der Shewhart-Regelkarte und der Annahme-Regelkarte werden diese in drei Zonen eingeteilt. Die Breite der einzelnen Zonen entspricht einer Standardabweichung σ.

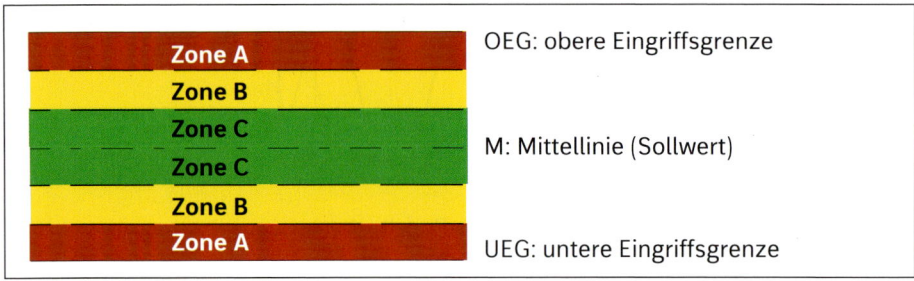

Bild 5.54: Einteilung der Regelkarte in Zonen

Natürlicher Verlauf

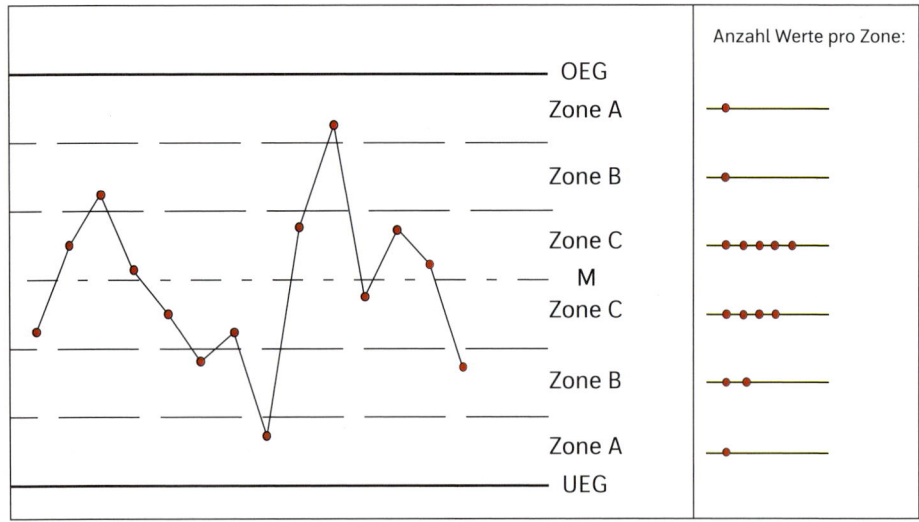

Bild 5.55: Natürlicher Verlauf eines Prozesses

114

Beobachtung: Zwei Drittel aller Prüfergebnisse liegen innerhalb der Zone C. Alle Werte liegen innerhalb der Eingriffsgrenzen. Diesen Verlauf der Messwerte bezeichnet man als einen „natürlichen Verlauf".

Maßnahmen: Prozess läuft ohne Eingriff weiter.

In den folgenden Fällen liegen systematische Streuungsursachen vor. Man sollte diese Abweichungen untersuchen und den Prozess möglichst neu einstellen.

Überschreiten der Eingriffsgrenzen

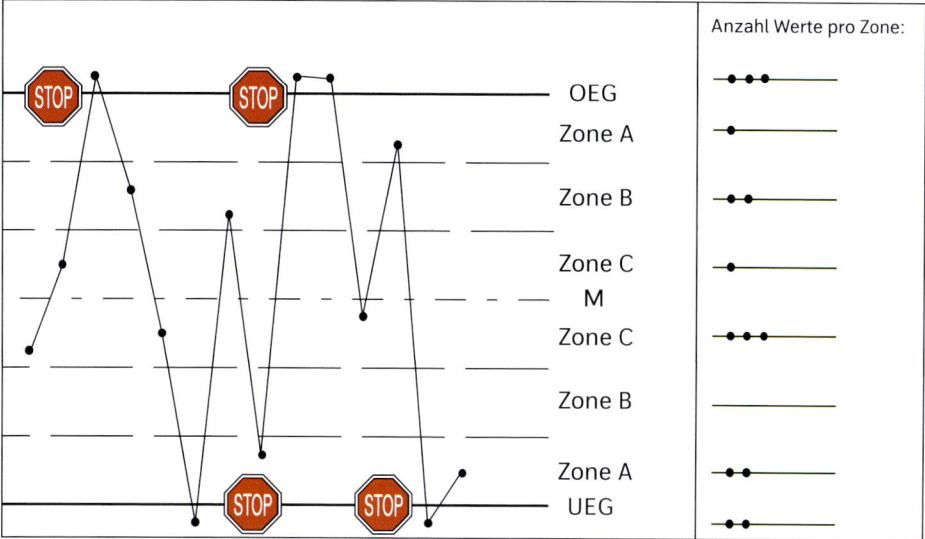

Bild 5.56: Prüfergebnis außerhalb der Eingriffsgrenzen

Beobachtung: Prüfergebnis über- oder unterschreitet die Eingriffsgrenzen.

Ursachen: $\bar{x}$-Karte (R- oder s-Karte muss natürlichen Verlauf aufweisen). Überjustieren einer Maschine, verschiedene Materialchargen vermischt, unterschiedliche Messgeräte.

R- oder s-Karte.

Beschädigte Maschinen, instabile Messgeräte, zu viel Spiel oder Spannvorrichtung verzogen, unerfahrener Maschinenführer bzw. Prüfer.

Maßnahmen: Prozess muss unterbrochen und nachgestellt werden. Teile, die seit der letzten Stichprobe gefertigt wurden, sperren und fehlerhafte Einheiten aussortieren (100 %-Prüfung).

Im Grenzbereich der Eingriffsgrenzen

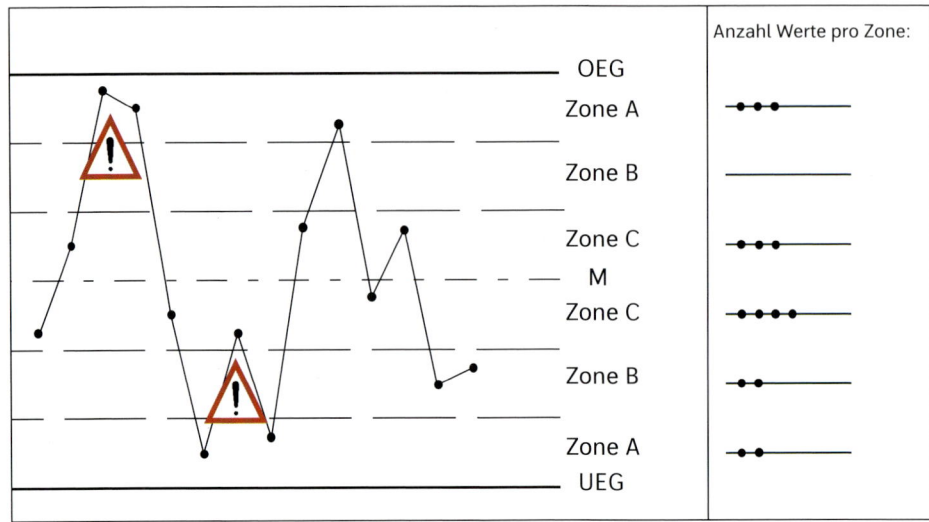

Bild 5.57: Prüfergebnis liegt zwischen Warngrenze und Eingriffsgrenze

Beobachtung: Zwei von drei aufeinanderfolgenden Prüfergebnissen liegen auf der gleichen Seite (von der Mittellinie aus gesehen) in der Zone A.

Ursachen: Verschlechterung des Prozesses

Maßnahmen: Prozess muss verschärft beobachtet werden. Es sollte umgehend eine weitere Stichprobe gezogen werden. Liegt das Ergebnis wieder in der Zone A, ist der Prozess zu korrigieren.

Run

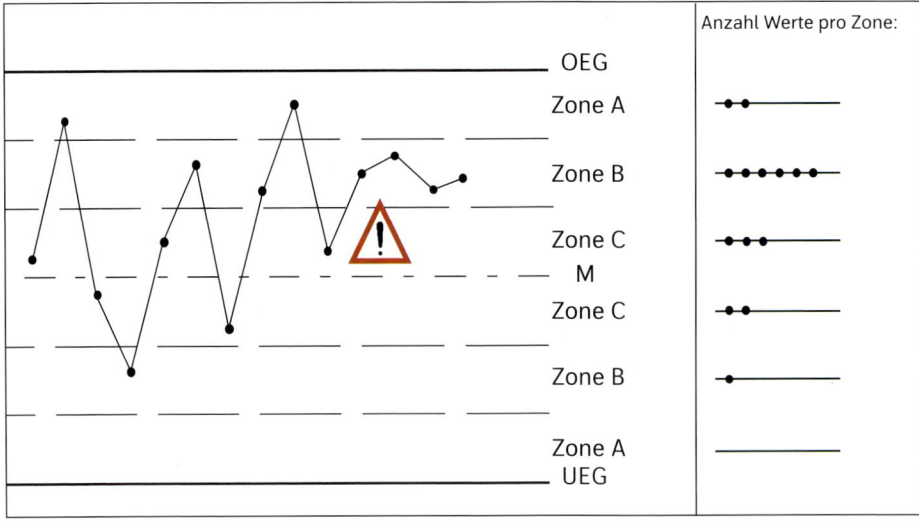

Bild 5.58: Prüfergebnisse liegen in Folge (Run) zueinander.

Beobachtung: Sieben oder mehr aufeinanderfolgende Prüfergebnisse liegen auf einer Seite von der Mittellinie aus gesehen. Diesen Verlauf der Messwerte bezeichnet man als „Run".

Ursachen: x̄-Karte (R- oder s-Karte muss natürlichen Verlauf aufweisen.)

Werkzeugverschleiß, Umstellung auf ein anderes Material, Chargenwechsel, neues Werkzeug, neue Maschine oder Fertigungsmethode, neues Personal

R- oder s-Karte

Umstellung auf ein anderes Material oder Lieferant, neues Personal oder Maschine

Maßnahmen: Prozess muss verschärft beobachtet werden, um die Verschiebung des Prozessmittelwertes zu ergründen. Es sollten umgehend weitere Stichproben gezogen werden.

Trend

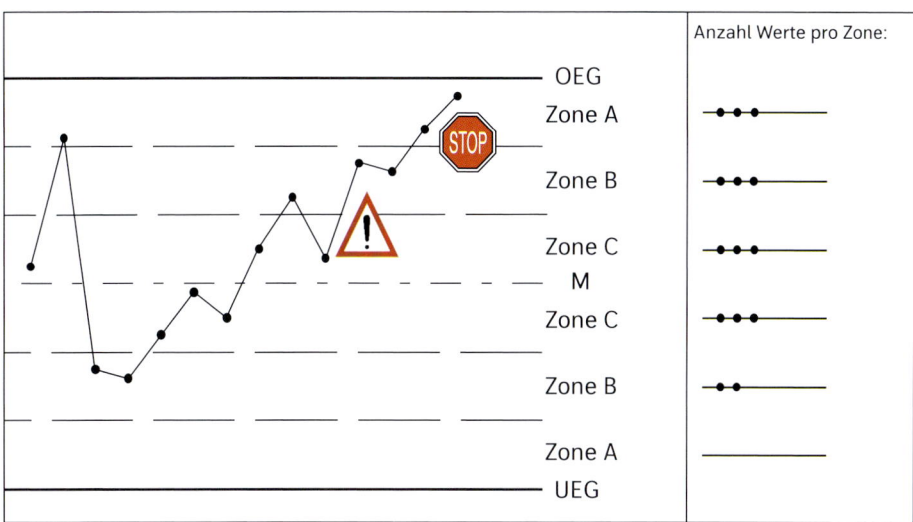

Bild 5.59: Prüfergebnisse liegen in Folge (Trend) zueinander.

Beobachtung: Sieben oder mehr aufeinanderfolgende Prüfergebnisse zeigen eine steigende oder fallende Tendenz. Diesen Verlauf der Messwerte bezeichnet man als „Trend".

Ursachen: x̄-Karte (R- oder s-Karte muss natürlichen Verlauf aufweisen.)

Werkzeugverschleiß, Verschleiß an Vorrichtung oder Messgeräten, schlechte Wartung oder ungenügende Sauberkeit, Ermüdung des Personals

R- oder s-Karte (steigende Tendenz)

Werkzeug wird stumpf, allgemeine Lockerung oder Abnutzung der Geräte.

R- oder s-Karte (fallende Tendenz)

Auswirkung einer besseren Wartung, kontinuierlich verbesserte Fertigungsmethode (Feststellen, wodurch die Prozessverbesserung zustande gekommen ist, um diese in den weiteren Fertigungsablauf einbinden zu können), fehlerhafte oder beschönigte Prüfung

Maßnahmen: Prozess unterbrechen, um die Verschiebung des Prozessmittelwertes zu ergründen

Perioden

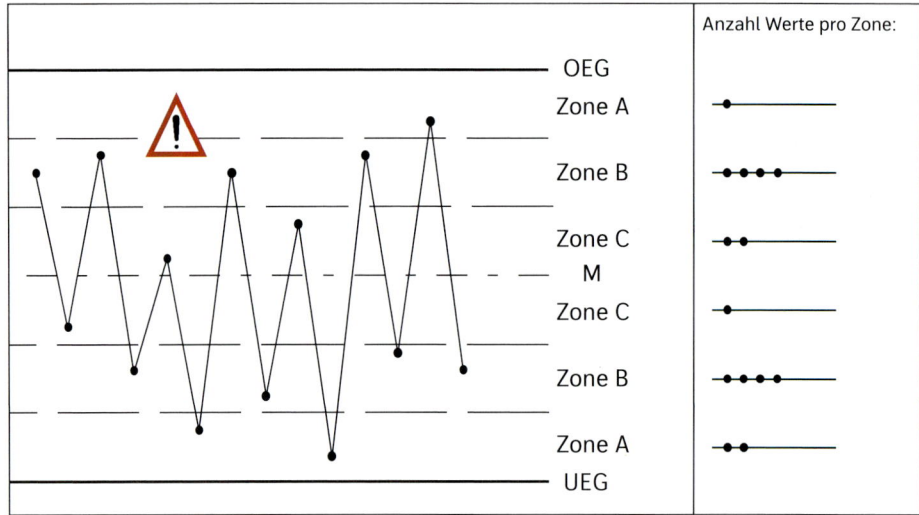

Bild 5.60: Systematischer Verlauf der Prüfergebnisse

Beobachtung: Periodisches Verhalten der Punkte, z. B. auf einen Punkt oberhalb der Mittellinie folgt ein Punkt unterhalb der Mittellinie. Der Verlauf ist vorhersehbar. Diesen Verlauf der Messwerte bezeichnet man als „Perioden".

Ursachen: $\bar{x}$-Karte

Unterschiedliche Messgeräte, Unterschiede zwischen den Schichten, systematische Aufteilung der Daten

R- oder s-Karte

Systematische Aufteilung der Daten

Maßnahmen: Fertigungsprozess nach Einflüssen untersuchen

Middle Third

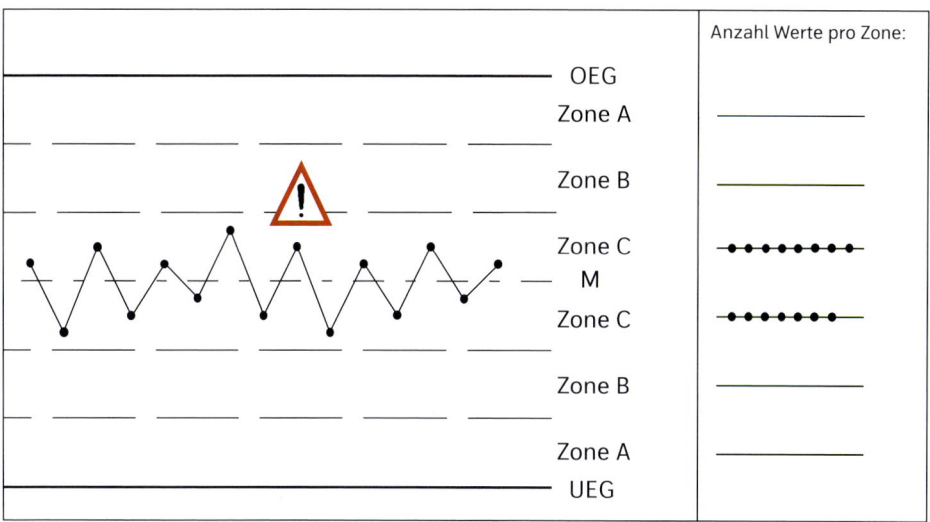

Bild 5.61: Mehr als ²/₃ aller Prüfergebnisse in Zone C

Beobachtung: Mindestens fünfzehn Prüfergebnisse liegen hintereinander über oder unter der Mittellinie in Zone C. Diesen Verlauf der Messwerte bezeichnet man als „Middle Third".

Ursachen: $\bar{x}$-Karte

Verbesserte Fertigung oder größere Sorgfalt, Änderung beim Wartungsprogramm, bessere Beaufsichtigung (Einführung von Kontrollen), Beschönigen der Prüfergebnisse

R- oder s-Karte

Bessere Vorrichtungen, Methoden oder Fertigkeiten, größere Sorgfalt des Bedieners

Maßnahmen: Feststellen, wodurch die Prozessverbesserung zustande gekommen ist, um diese in den weiteren Fertigungsablauf einbinden zu können. Überprüfung der Prüfergebnisse auf ihre Richtigkeit

Prozessregelung mit Qualitätsregelkarten

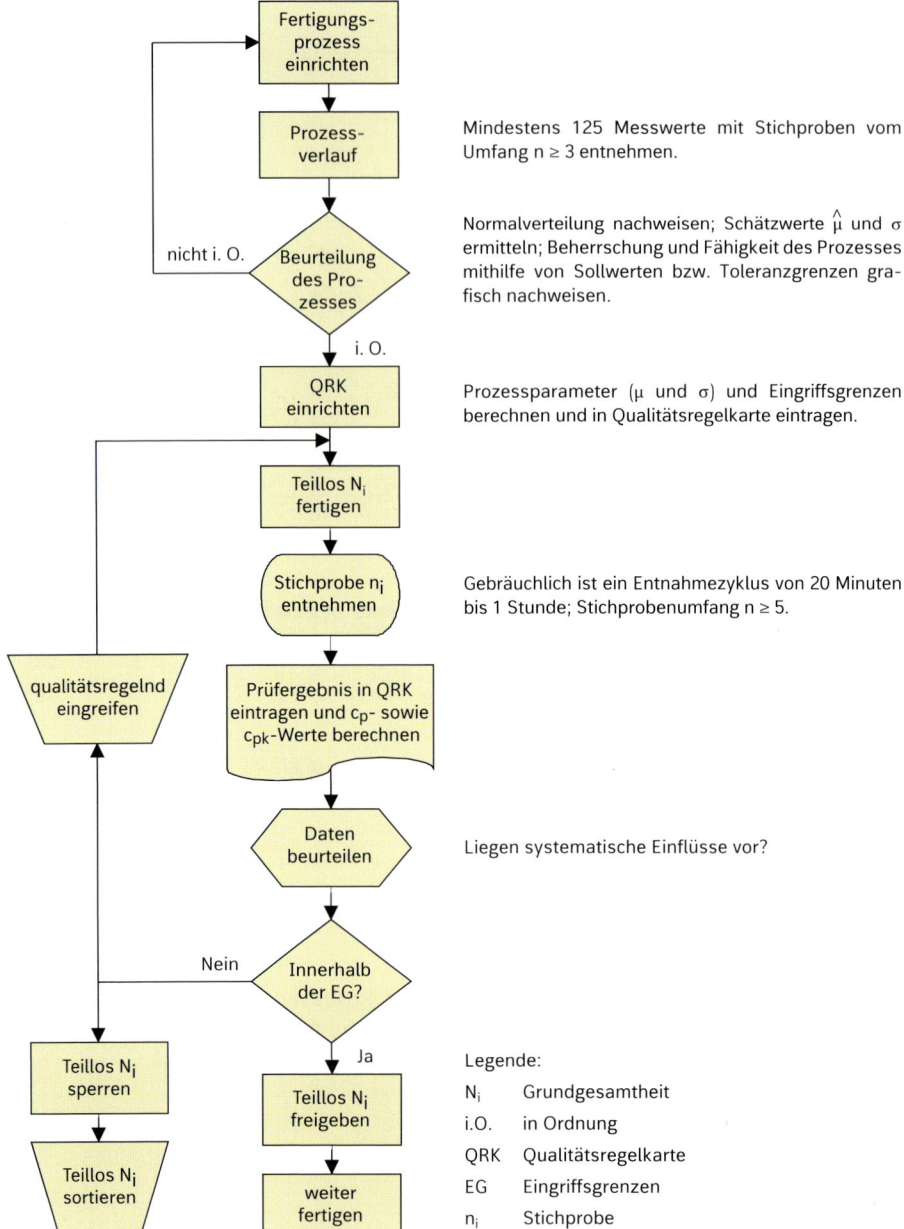

Mindestens 125 Messwerte mit Stichproben vom Umfang $n \geq 3$ entnehmen.

Normalverteilung nachweisen; Schätzwerte $\hat{\mu}$ und σ ermitteln; Beherrschung und Fähigkeit des Prozesses mithilfe von Sollwerten bzw. Toleranzgrenzen grafisch nachweisen.

Prozessparameter (μ und σ) und Eingriffsgrenzen berechnen und in Qualitätsregelkarte eintragen.

Gebräuchlich ist ein Entnahmezyklus von 20 Minuten bis 1 Stunde; Stichprobenumfang $n \geq 5$.

Liegen systematische Einflüsse vor?

Legende:

N_i	Grundgesamtheit
i.O.	in Ordnung
QRK	Qualitätsregelkarte
EG	Eingriffsgrenzen
n_i	Stichprobe

Bild 5.62: Vorgehensweise zur Überwachung eines Regelkreises durch Qualitätsregelkarten

6 KAIZEN

6.1 Der Begriff KAIZEN

Das japanische Wort **„KAIZEN"** besteht aus zwei Worten, KAI und ZEN, wobei KAI „Veränderung" und ZEN „Das Gute, zur Verbesserung" bedeutet. Im zusammenhängenden Sinne heißt dies „KONTINUIERLICH VERBESSERN". Weil KAIZEN auf Prozessen aufsetzt, spricht man von:„Kontinuierliches Verbessern von Prozessen". In Amerika ist in dem Zusammenhang von **„Continuous Improvement"** die Rede.

Der Qualitätsspezialist Masaaki Imai beschreibt KAIZEN in seinem Buch „KAIZEN, der Schlüssel zum Erfolg der Japaner im Wettbewerb":

KAIZEN ist ein prozessorientiertes Konzept.

In diesem Konzept müssen die Mitarbeiter die Freiheit haben, Fehler zu machen und einzugestehen. Jeder Fehler, jeder Irrtum bietet die Chance zu einer Verbesserung. Das Ziel soll nicht sein, den Mitarbeitern die Schuld zu geben. Im Gegensatz zur traditionellen Organisation, bei der das Management den Produktionsarbeitern befiehlt, werden im KAIZEN die Produktionsarbeiter vom Management unterstützt. KAIZEN ist ein langfristiges, mitarbeiter- und prozessorientiertes Konzept.

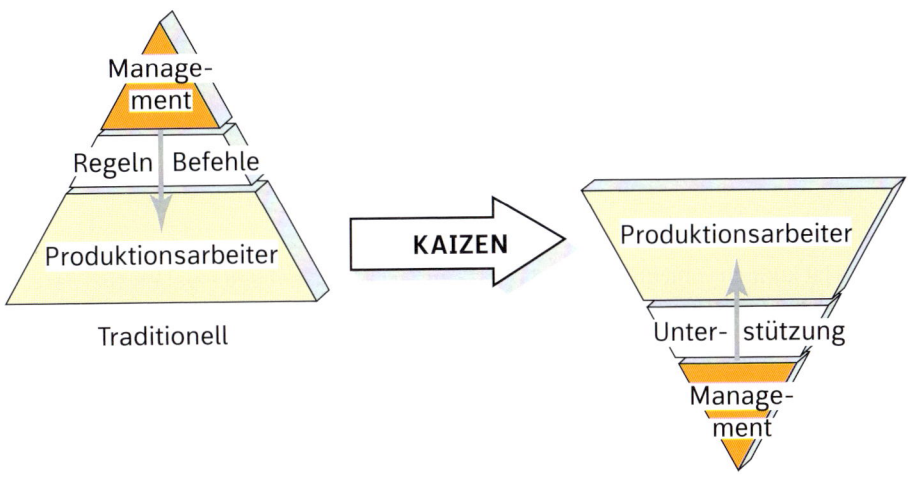

Bild 6.1: Mitarbeiter – Managementverhältnis

6.2 Das Prinzip KAIZEN

Das Prinzip ist, die Kreativität der Belegschaft für ständige Verbesserungen zu stimulieren und im Sinne der Unternehmensziele zu leiten. Um die KAIZEN-Strategie einzuführen, muss man sich zuerst über die Konzepte, Systeme und Werkzeuge einen Überblick verschaffen.

Konzepte	Systeme	Werkzeuge
• Kunden-Lieferanten-Konzept	• Standardisierung	• SPC
• Kundenorientierung	• Vorschlagswesen	• FMEA
• Prozessorientierung	• Arbeitsdisziplin	• Problemlösungs-werkzeuge
• Wettbewerbsorientierung	• funktionsübergreifen-des Management	
• Mitarbeiterorientierung		• Qualitätszirkel
• Null-Fehler-Strategie	• umfassende Qualitäts-sicherung	• Kleingruppenarbeit
		• Checklisten
		• QFD

Als Erstes müssen die richtigen Konzepte festgelegt werden. Der nächste Schritt ist es, Systeme zu erstellen, die bei der Einführung von KAIZEN hilfreich sein können. Innerhalb dieser Systeme werden die angewiesenen Werkzeuge benutzt.

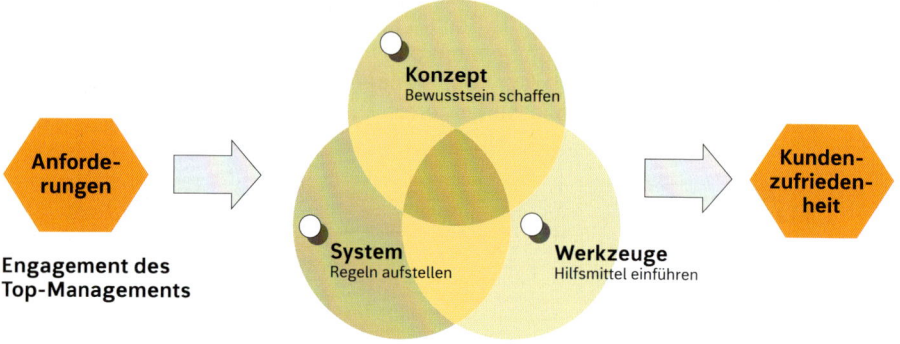

Bild 6.2: Prinzip KAIZEN

KAIZEN ist kunden- und qualitätsorientiert. Durch Kostensenkung ergeben sich daraus anschließend höhere Gewinne.

KAIZEN ist ein Konzept, in das alle Systeme und Werkzeuge der vergangenen Jahrzehnte integriert sind, neue beigefügt worden sind und werden.

6.3 Verbesserungsstrategie des KAIZEN

Managen von Prozessen umfasst zwei Hauptkomponenten, die *Erhaltung* und die *Verbesserung*. Die Erhaltung zielt auf die Stabilisierung und Aufrechterhaltung der bestehenden Prozessabläufe und Prozessstandards durch Schulung und Disziplin. Die Verbesserung bezweckt die Optimierung der momentan vorhandenen Prozessabläufe und Prozessstandards. Die KAIZEN-Auffassung des Prozessmanagements kann zusammengefasst werden:

Standards verbessern und erhalten!

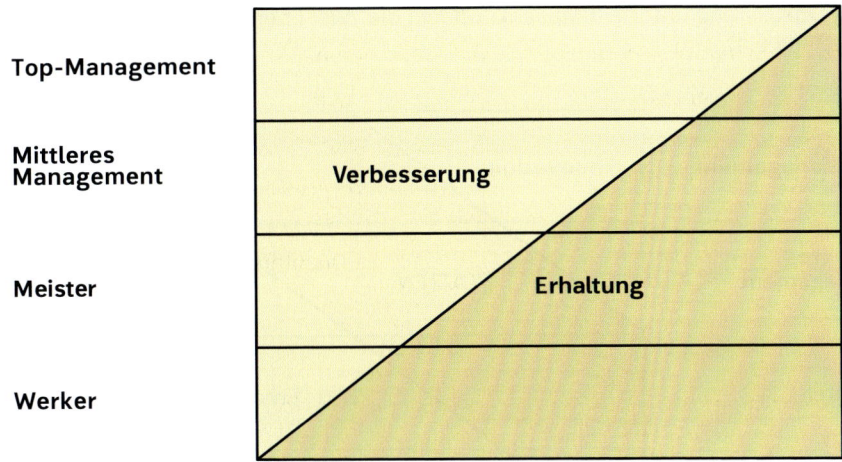

Bild 6.3: Standards verbessern und erhalten (Quelle: Imai, Masaaki)

Je höher die Managementstufe ist, desto mehr ist ihre Aufgabe, Verbesserungen zu schaffen. Auf der Werkerebene ist der Großteil der Aufgabe auf die Erhaltung der Prozessstandards ausgerichtet.

Wie sieht eine Verbesserung aus?

Eine Verbesserung geschieht entweder durch höhere Anforderungen (KAIZEN) des (Top-)Managements an die Mitarbeiter oder durch teure **Innovationen**.

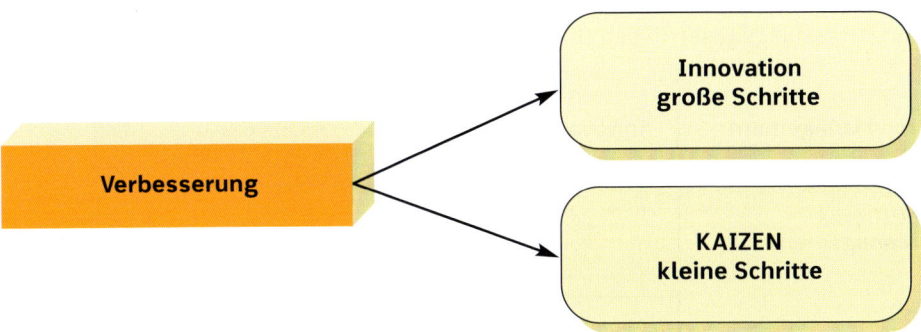

Bild 6.4: KAIZEN und Innovation

Beispiel für Verbesserungsschritte

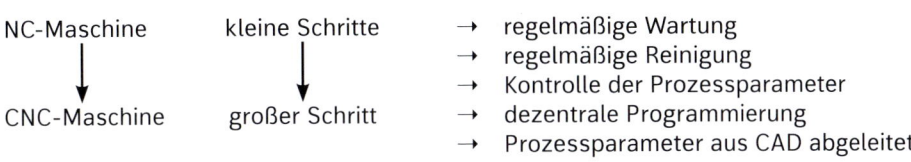

NC-Maschine   kleine Schritte   → regelmäßige Wartung
                                          → regelmäßige Reinigung
                                          → Kontrolle der Prozessparameter
CNC-Maschine   großer Schritt   → dezentrale Programmierung
                                          → Prozessparameter aus CAD abgeleitet

Die Verbesserung unterteilt Masaaki Imai in die zwei Ebenen Innovation und KAIZEN (siehe Bild 6.4).

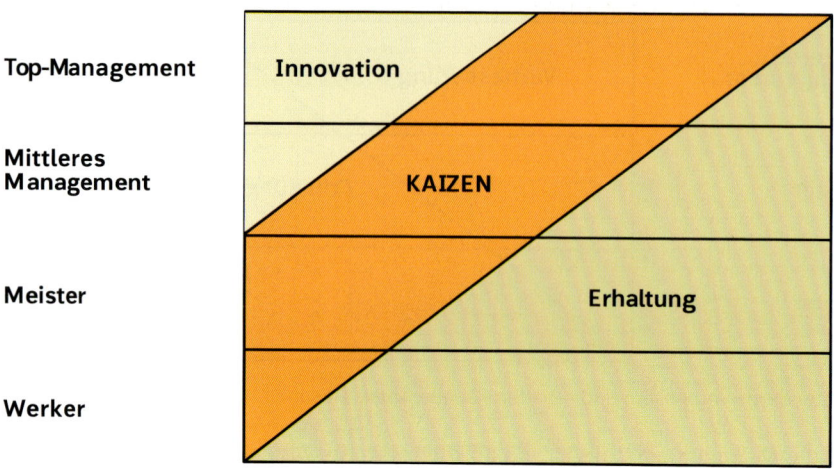

Bild 6.5: Verantwortlichkeiten im KAIZEN (Quelle: Imai, Masaaki)

Die nächste Darstellung zeigt die Aufgabenverteilung aus der Sicht der westlichen Manager. Im westlichen Management ist zurzeit noch wenig Platz für das KAIZEN-Konzept. Westliche Manager bevorzugen die Verbesserung der großen Schritte, im Gegensatz zur Verbesserung der kleinen Schritte. Die Verbesserung der kleinen Schritte versiegt oftmals in der Bürokratie und in der Verwaltung der jeweiligen Verbesserungsvorschlagswesen in den Unternehmen.

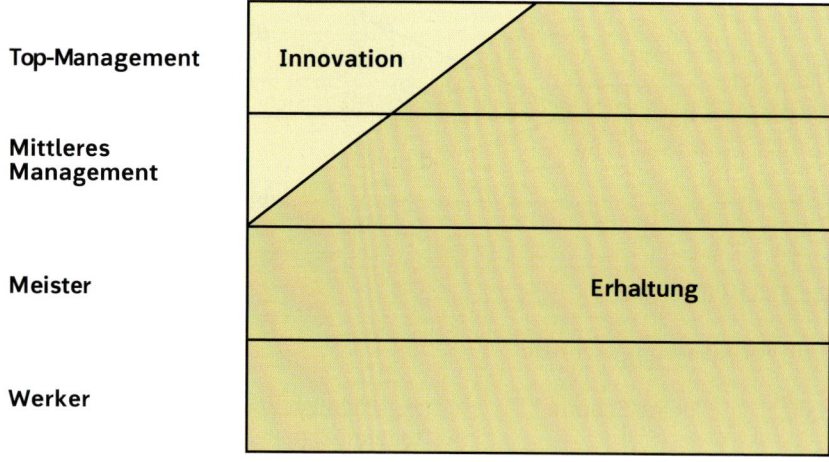

Bild 6.6: Verantwortlichkeiten aus der Sicht der westlichen Manager
(Quelle: Imai, Masaaki)

Das folgende Bild zeigt die Verbesserung eines Prozesses von einem Ausgangsstandard bis hin zum Optimum eines Prozesses durch KAIZEN. Ein Verbesserungssprung wird mittels einer Innovation erreicht. Nun wird dieser neue Verbesserungszustand des Prozesses optimiert. Diese Optimierungsmethode ist ein kontinuierlicher, niemals endender Verbesserungsprozess.

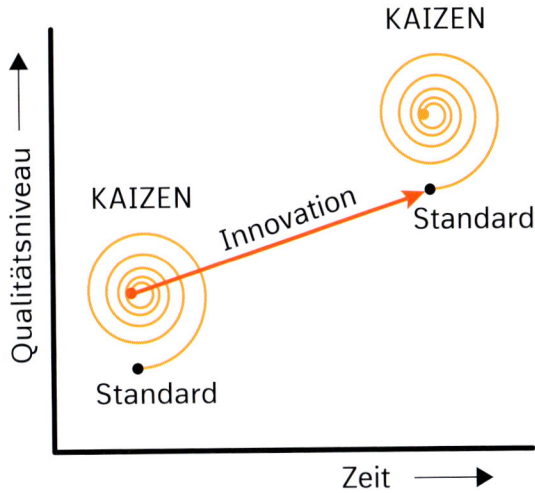

Bild 6.7: KAIZEN und Innovation

KAIZEN	Innovation
Optimierung von Prozessschritten in einfacher Weise	Technologiesprung zur umfassenden Veränderung in einem Bereich
Beispiel:	*Beispiel:*
• einfache Dokumentation	• EDV-Vernetzung der Fertigung
• Checkliste bei Maschinenübergabe	• CNC-Maschine

Prinzipielle Unterschiede zwischen KAIZEN und Innovation

KAIZEN	**Innovation**
• Kleine Schritte	• Große Schritte
• Konventionelles Wissen	• Technologischer Durchbruch
• Bestehende Ressourcen besser nutzen	• Investitionen (Geld ausgeben)
• Prozessorientiertes Denken	• Ergebnisorientiertes Denken
• Gruppenarbeit	• Individuelle Arbeit
• Mitarbeiterorientiert	• Technologieorientiert
• Hohe Mitarbeiterverbundenheit	• Niedrige Mitarbeiterverbundenheit

6.4   KAIZEN und die Mitarbeiter

KAIZEN bezieht jeden Mitarbeiter in der Firma mit ein. So hat jeder nicht nur seinen bestimmten Platz in der Hierarchie (einzelne Ebenen), sondern wird auch von KAIZEN eingeschlossen.

Welche Aufgaben haben die einzelnen Ebenen?

Top-Management

Einführung von KAIZEN als Strategie, Verbesserung der Standards, Etablierung verbesserter Standards, trifft Entscheidung über Innovation, Prioritäten setzen und diese im gesamten Unternehmen durchgängig machen, Aufbau entsprechender Strukturen, Unterstützung und Förderung von KAIZEN, verbreitende Maßnahmen wie Arbeitsdisziplin und deren Überprüfung

Mittleres Management

Verbesserung und Erhaltung der Standards (KAIZEN), setzt Innovation im Unternehmen um, Verbreiten der Maßnahmen zum KAIZEN, Trainingsprogramme, um das KAIZEN-Bewusstsein der Werker zu fördern, Hilfe bei Problemlösungen

Meister

Anwendung von KAIZEN, betreut Innovationseinführung, Planentwicklung zur Verwirklichung von KAIZEN, Kleingruppenaktivitäten unterstützen, für Arbeitsdisziplin sorgen, Ideen fördern

Werker

Einhaltung vorgegebener Standards, nutzt Innovation, Teilnahme an KAIZEN durch Vorschlagswesen und Kleingruppenaktivität, Auseinandersetzung mit dem Arbeitsprozess, spezifische Weiterbildung

Im KAIZEN-Konzept sind die Produktionsarbeiter die wichtigsten Mitarbeiter. Sie sind es, die das aktuelle Produkt herstellen oder die Dienstleistung erbringen. Der Arbeitsplatz („**Gemba**") steht an der Spitze, Management und Stabsleute haben die Aufgabe zu Gemba beizutragen. Es drängt sich der Vergleich mit einer Fußballmannschaft auf: Das Team schießt die Tore!

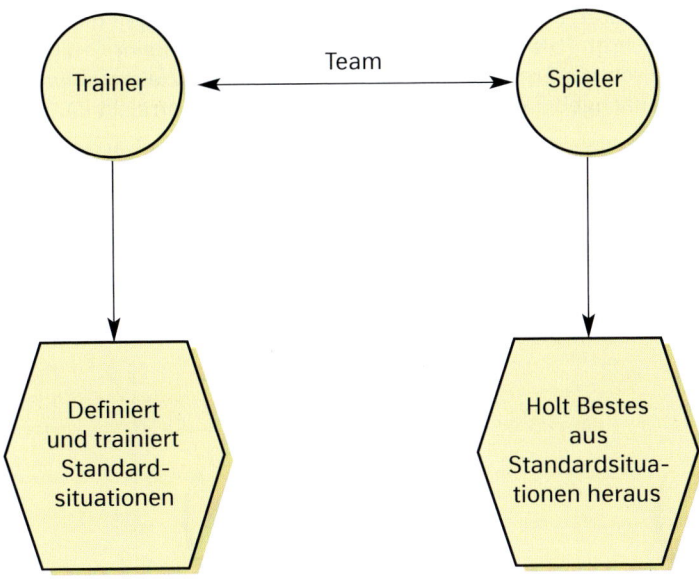

Bild 6.8: Team im KAIZEN

Zu der Teamorganisation im Unternehmen fordert KAIZEN eine Kultur,

- in der die Mitarbeiter gefördert werden, Verbesserungen einzuführen,

- in der die Mitarbeiter die Freiheit haben, einen Fehler einzugestehen,

- in der die Mitarbeiter funktionsübergreifend, systematisch und kooperationsbereit zusammenarbeiten,

- in der die Mitarbeiter eindeutig im Hinblick auf die Prozesse denken.

Bessere Produkte sind die Folge von produktiveren Mitarbeitern, effizienteren Managern, verbesserter Kommunikation und wirksamerer Organisation, nicht umgekehrt.

Im KAIZEN-Konzept sind die Menschen, die die Arbeit machen, der wichtigste Teil der Organisation. Im KAIZEN ist Gemba, wo die Arbeit gemacht wird, wo der Wert entsteht und wo die Probleme gelöst werden sollen.

6.5 Funktionsweise von KAIZEN

Jeder veränderte und verbesserte Arbeitsprozess weist am Anfang gewisse Abweichungen und Unsicherheiten auf und es bedarf einiger Mühe, den Prozess zu stabilisieren und zu erhalten. Zur Stabilisierung müssen Standards wie Verfahrensanweisungen oder Arbeitsanweisungen geschaffen werden. Ein solcher Stabilisierungsprozess wird oftmals durch einen **STCA-Kreis** (**S**TANDARDISIERUNG-**T**UN-**C**HECKEN-**A**KTION) dargestellt.

127

STANDARDISIERUNG bedeutet demnach, das Know-how (Zielvorgabe) niederzu-schreiben. Im nächsten Schritt TUN wird dieses Wissen umgesetzt. Beim CHECKEN stellt man sich die Frage, ob die Ergebnisse erreicht worden sind (Zielerreichung?). Wenn nein, wird so lange nachgebessert (AKTION), bis der Standard erreicht ist.

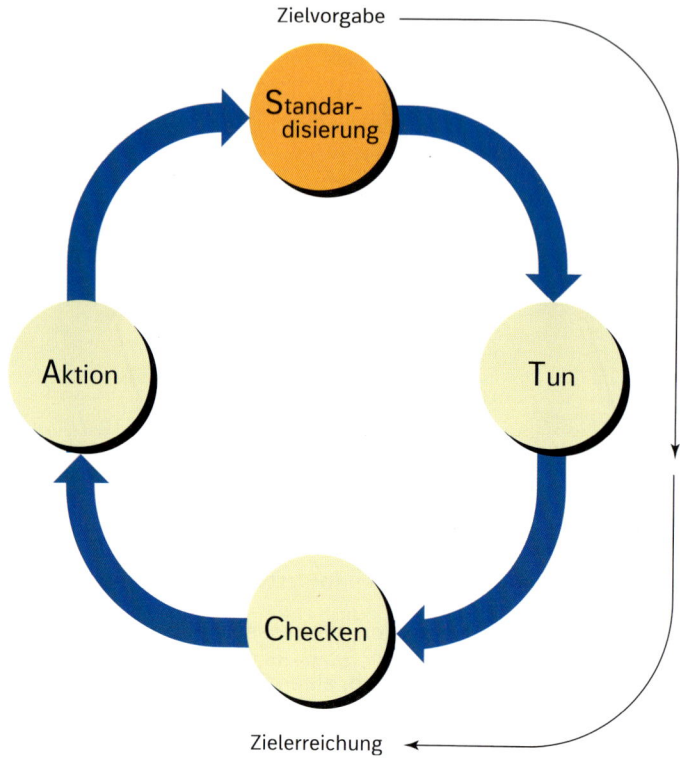

Bild 6.9: STCA-Kreis

> Erst nachdem ein Standard festgelegt und stabilisiert worden ist, sollte man darangehen, den STCA-Kreis mittels des **PTCA-Kreises** (**P**LANEN, **T**UN, **C**HECKEN und **A**KTION) zu verbessern.

Der PTCA-Kreis beginnt mit der Analyse der aktuellen Situation (PLANEN), wobei die Daten zusammengetragen werden, die zur Ausarbeitung eines Verbesserungsplanes beitragen. Dazu werden die einfachen statistischen Werkzeuge „Problemlösungs-werkzeuge" (Pareto-Diagramm, Ishikawa-Diagramm, Histogramm, Regelkarte, Streu-ungsdiagramme, Grafiken und Prüfformulare, siehe Kapitel 5.1) verwendet. TUN steht für die Umsetzung dieses Planes. Später wird überprüft (CHECKEN), ob die Umsetzung des Planes zur erwartenden Verbesserung geführt hat. Unter AKTION versteht man Vorbeugungsmaßnahmen gegen einen Rückfall sowie eine methodische Standardisie-rung der Verbesserung als neue Praktik, auf der für weitere Verbesserungen aufgebaut werden kann. Dadurch wird gewährleistet, dass die neu eingeführten Methoden fortan angewandt werden.

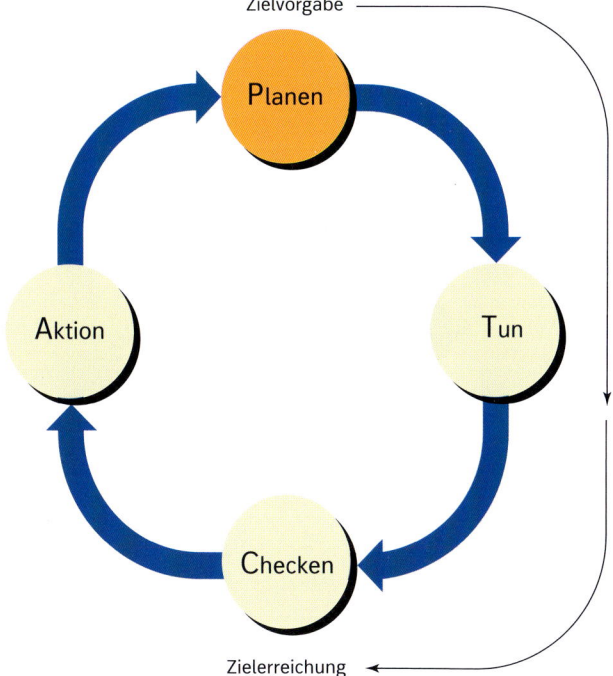

Bild 6.10: PTCA-Kreis

STCA dient dem Stabilisieren und Standardisieren von Zuständen, während PTCA zu deren Verbesserung führt.

Mit anderen Worten ausgedrückt, heißt dies:

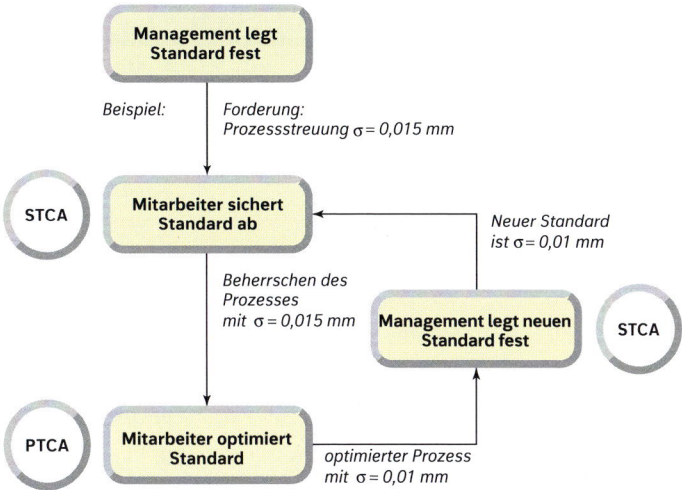

Bild 6.11: Wechselwirkung STCA und PTCA

129

Sobald ein Zustand verbessert wurde, wird er zum Standard (STCA) und fordert somit zu weiterer Verbesserung (PTCA) heraus. Auf diese Weise wird über den KAIZEN-Prozess ein ständig steigendes Niveau erreicht. KAIZEN ist ohne Messungen und Standards nicht möglich (STCA- und PTCA-Kreis).

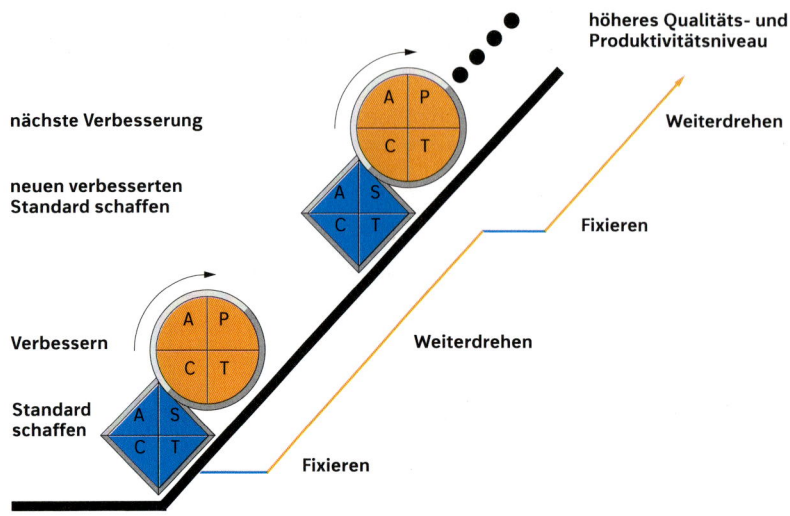

Bild 6.12: Erhöhung des Qualitäts- und Produktivitätsniveaus

6.6 Umsetzung von KAIZEN durch den Mitarbeiter

KAIZEN wird durch Verschwendung (**MUDA**), Überlastung (**MURI**) oder Abweichung (**MURA**) ausgelöst. Die „**3-MU-Checkliste**" zeigt Verbesserungsmöglichkeiten auf:

MUDA (Verschwendung)	MURI (Überlastung)	MURA (Abweichung)
1. Mitarbeiter	1. Mitarbeiter	1. Mitarbeiter
2. Technik	2. Technik	2. Technik
3. Methode	3. Methode	3. Methode
4. Zeit	4. Zeit	4. Zeit
5. Möglichkeit	5. Möglichkeit	5. Möglichkeit
6. Vorrichtungen und Werkzeuge	6. Vorrichtungen und Werkzeuge	6. Vorrichtungen und Werkzeuge
7. Material	7. Material	7. Material
8. Produktionsvolumen	8. Produktionsvolumen	8. Produktionsvolumen
9. Umlauf	9. Umlauf	9. Umlauf
10. Platz	10. Platz	10. Platz
11. Art zu denken	11. Art zu denken	11. Art zu denken

(Quelle: Imai, Masaaki)

Die Checkliste wurde entwickelt, um den Werkern und dem Management stets Verbesserungsmöglichkeiten (KAIZEN) vor Augen zu halten.

Wie soll der Mitarbeiter seinen Arbeitsplatz (Gemba) gestalten?

Die **„5-S-Bewegung"** stellt Regeln im Umgang mit dem Arbeitsplatz auf. Die „5-S" sind die Anfangsbuchstaben der japanischen Worte **SEIRI, SEITON, SEISO, SEIKETSU und SHITSUKE**.

Folgende fünf Schritte fordert die „5-S-Bewegung":

1. (SEIRI)   Ordnung schaffen, d. h., Überflüssiges entfernen

2. (SEITON)   Jeden Gegenstand am richtigen Ort aufbewahren

3. (SEISO)   Sauberkeit

4. (SEIKETSU)   Persönlicher Ordnungssinn

5. (SHITSUKE)   Disziplin, d. h., Einhalten von Standards

6.7   Zusammenfassung

- KAIZEN ist ein langfristiges, mitarbeiter- und prozessorientiertes Konzept.

- KAIZEN ist kunden- und qualitätsorientiert. Durch Kostensenkung ergeben sich daraus anschließend höhere Gewinne.

- KAIZEN ist ein Konzept, in das alle Systeme und Werkzeuge der vergangenen Jahrzehnte integriert sind, neue beigefügt worden sind und werden.

- Im KAIZEN-Konzept sind die Menschen, die die Arbeit machen, der wichtigste Teil der Organisation. Im KAIZEN ist Gemba, wo die Arbeit gemacht wird, wo der Wert entsteht und wohin die Probleme delegiert werden sollen.

- KAIZEN ist ohne Messungen und Standards nicht möglich (STCA- und PTCA-Kreis).

Der wichtigste KAIZEN-Ansatz lautet:
just do it

Lieber sofort eine 50 %-Lösung als nie 100 %.

7 Abkürzungsverzeichnis

AA	Arbeitsanweisung
BRD	Bundesrepublik Deutschland
CAD	Computer Aided Design
CAQ	Computer Aided Quality Assurance (Rechnerunterstützung in der Qualitätssicherung)
CNC	Computerized Numerical Control
DGQ	Deutsche Gesellschaft für Qualität
DIN	Deutsche Industrie-Norm
DQS	Deutsche Gesellschaft zur Zertifizierung von Qualitätsmanagementsystemen mbH
EDV	Elektronische Datenverarbeitung
EFQM	European Foundation for Quality Management
EG	Eingriffsgrenze
EN	Europäische Norm
EQ ZERT	Europäisches Institut zur Zertifizierung von Qualitätsmanagementsystemen
FMEA	Fehlermöglichkeits- und Einflussanalyse
ISO	International Organization for Standardization
MBQNA	Malcolm Badrige National Quality Award
MFU	Maschinenfähigkeitsuntersuchung
NC	Numerical Control
OEG	Obere Eingriffsgrenze
OTG	Obere Toleranzgrenze
OWG	Obere Warngrenze
PFU	Prozessfähigkeitsuntersuchung
PMÜ	Prüfmittelüberwachung
Q	Qualität
QFD	Quality Function Deployment
QM	Qualitätsmanagement
QMH	Qualitätsmanagementhandbuch
QRK	Qualitätsregelkarte
QS	Qualitätssicherung
RPZ	Risikoprioritätszahl
SPC	Statistische Prozessregelung
TQC	Technical Quality Committee
TQM	Total Quality Management
TÜV	Technischer Überwachungsverein e.V.
UEG	Untere Eingriffsgrenze
UTG	Untere Toleranzgrenze
UWG	Untere Warngrenze
VA	Verfahrensanweisung
VDA	Verband Deutscher Automobilhersteller
VDE	Verband Deutscher Elektrotechniker
VDI	Verband Deutscher Ingenieure

8   Literaturverzeichnis

Bläsing, Jürgen: Das Qualitätsbewußte Unternehmen. StW, Stuttgart, 1992

Bläsing, Jürgen: Qualitätsbewußte Unternehmensführung. TQU-Verlag, Ulm, 1995

Brassard, Michael: Der Memory Jogger. GOAL/QPC, Methuen USA, 1987

Göppel/Bayer: Einbindung von FMEA in CAQ. CIM-Management, 1992

Göppel, Rainer: Methoden vernetzen. Maschinenmarkt, 1992

Göppel, Rainer: Die Werkzeuge des TQM, Ifra-Symposium, 1994

Hering, Eckbert: Qualitätssicherung für Ingenieure. VDI Verlag, Düsseldorf, 1993

Imai, Masaaki: KAIZEN. Ullstein Verlag, Frankfurt/Berlin, 1992

Kamiske/Brauer: Qualitätsmanagement von A–Z. Carl Hanser Verlag, München/Wien, 1993

King, Bob: Better Design in Half the Time. GOAL/QPC, Methuen USA, 1987

N.N.: TQU-Mustersammlung Ausgabe 1. Ulm, 1993

N.N.: DGQ-Schrift 16–33, SPC 1–3. Beuth Verlag, Köln/Berlin, 1990

N.N.: Normen DIN EN ISO 9000 ff. Beuth Verlag, Köln/Berlin, 1994

Pfeifer, Tilo: Qualitätsmanagement. Carl Hanser Verlag, München/Wien, 1993

Stork Management Consulting: KAIZEN – Kontinuierlich verbessern. Lommel Belgien, 1993

9 Sachwortverzeichnis